浪花朵朵

科学家写给孩子们

聊聊中国建筑

梁思成 著
小耳朵 绘

贵州出版集团
贵州人民出版社

目 录

走进建筑的世界

聊聊建筑 ………………………………… 3

中国建筑的类型 ………………………… 10

伟大的建筑传统——骨架结构法 ……… 17

中国建筑的九大特征 …………………… 20

建筑的艺术 ……………………………… 28

千篇一律与千变万化 …………………… 40

从"燕用"——不祥的谶语说起 ……… 45

石栏杆简说 ……………………………… 48

中国建筑师 ……………………………… 51

建筑师是怎样工作的 …………………… 56

千姿百态的建筑

中国早期的佛塔 ………………………… 65

最古的遗物——石窟寺 ………………… 70

木构杰作——五台山佛光寺 …………… 77

木构杰作——独乐寺观音阁 …………… 80

中国的塔 ………………………………… 83

石桥——赵州桥 ································· 96
竹索桥——安澜桥 ····························· 99
曲阜孔庙 ··· 103
山西民居 ··· 112
古今城市的布局 ································· 119

古建考察记录
记五台山佛光寺的建筑 ····················· 123
行　　程 ··· 128
正定之游 ··· 136

梁思成手绘建筑图稿赏析 ················ 146

走进建筑的世界

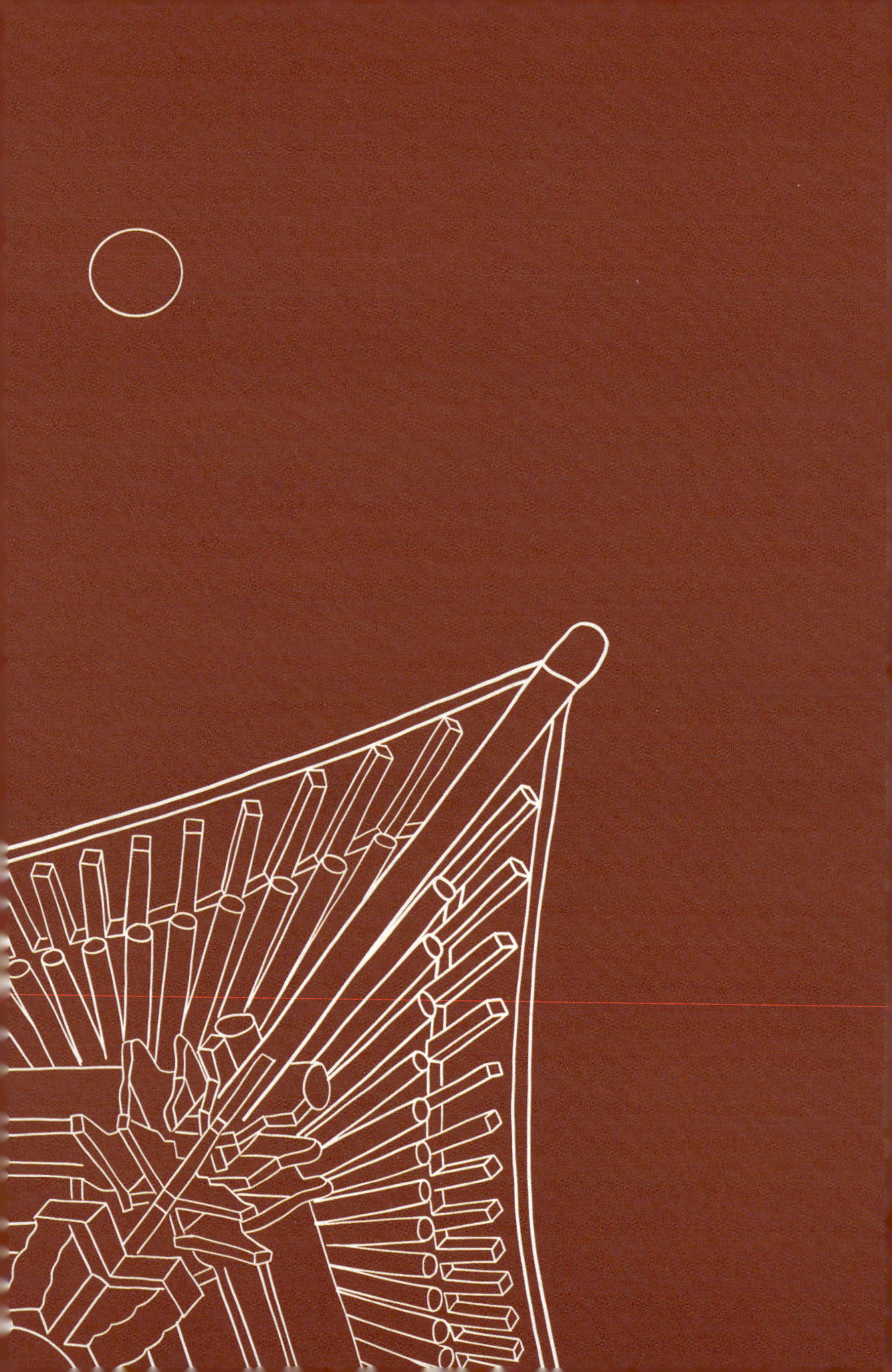

聊聊建筑[①]

❧ 什么是建筑 ❧

研究祖国的建筑，首先要问："什么是建筑？""建筑"这个名词，今天在中国还是含义很不明确的；铁路、水坝和房屋等都可以包括在"建筑"以内。但是在西方的许多国家，一般都将铁路、水坝等称为"土木工程"，只有设计和建造房屋的艺术和科学叫作"建筑学"。在俄文里面，"建筑学"是"архитектура"，是从希腊文沿用下来的，原意是"大的技术"，即包罗万象的综合性的科学艺术。在英、意、法、德等国文中都用这个词。

❧ 人类对建筑的要求 ❧

人类对建筑最原始的要求是遮蔽风雨和避免毒蛇猛兽的侵害，换句话说，就是要得到一个安全的睡觉的地方。五十万年前，中国猿人住在周口店的山洞里，只要风吹不着，雨打不着，猛兽不能伤害他们，就满意了，所以原始人

[①] 本文与后面的《中国的塔》均节选自《祖国的建筑》一文，全文为梁思成在中央科学讲座上的讲演速记稿。——编者注（下同）

对于住的要求是非常简单的。但是随着生产工具的改进和生活水平的提高，这种要求也就不断地提高和变化着，而且越来越专门化了。譬如我们现在，居住、学习、工作和娱乐各有不同的建筑。我们对于"住"的要求的确是提高了，而且复杂了。

❧ 建筑技术已发展成为一种工程科学 ❧

在技术上讲，所谓提高就是人在和自然做斗争的过程中逐步获得了胜利。在原始时代，人们所要求的是抵抗风雨和猛兽。各种技术都是为了和自然做斗争，争取生存的更好条件，而在斗争过程中，人们也就改造了自然。在建筑技术的发展过程中，我们的祖先发现了木头有弹性，弄弯了以后还会恢复原状，石头很结实，垒起来就可以不倒等现象。

远在原始时代，我们的祖先就掌握了最基本的材料力学和一些材料的物理性能。譬如，石头最好是垒起来，而木头需要连在一起用的时候，却最好是想法子把它们扎在一起，或用榫头[①]衔接起来。所以我们可以说，在人类的曙光开始的时候，建筑的技术已经开始萌芽了。有一种说法——当然是推测，不过考古学家也同意——认为我们的祖先可能在烧

[①] 榫（sǔn）头：竹、木、石制器物或构件上利用凹凸方式相接处凸出的部分。

兽肉时，在火堆的四周架了一些石头，后来发现那些石头经过火一烧，就松脆了，再经过水一浇，就发热粉碎而成了白泥样的东西，但过一些时间，它又变硬了，不溶于水了。石灰可能就是这样发现的。

天然材料经过某种物理或化学变化，便变成另外的一种材料，这是人类很早就认识到的。这种人造建筑材料，一直到现在还不断地发展着和增加着。例如制作门窗用的玻璃，也是用沙子和一些别的材料烧在一起所造成的一种人造建筑材料。

人类在住的问题方面不断地和自然做斗争，就使得建筑技术逐渐发展成为一种工程科学了。

❧ 建筑是全面反映社会面貌的和有教育意义的艺术 ❧

人类有一种爱美的本性。石器时代的人做了许多陶质的坛子和罐子，有的用红土造的，有的用白土或黑土造的，大都画了或刻了许多花纹。罐子本来只求其可以存放几斤粮食或一些水就罢了，为什么要画上或刻上许多花纹呢？人类天性爱美，喜欢好看的东西；人类在这方面的要求也随着文化的发展愈来愈高。人类对于建筑不但要求技术方面的提高，并且要求加工美化，因此建筑艺术随着文化的提高也不断地丰富起来。

原始时代单座的房屋是为了解决简单的住的问题的。但很快地,"住"的意义就渐渐扩大了,从作为住宿用的和为了解决农业或畜牧业生产用的房舍中,出现了为了支持阶级社会制度的宫殿和坛庙,出现了反映思想方面要求的宗教建筑和陵墓等。到了近代,又有为了高度发达的工业生产用的厂房,为了社会化的医疗、休息、文化、娱乐和教育用的房屋,建筑的种类就更多,方面也更广了。

很多的建筑物合起来,就变成了一个城市。建筑与建筑之间留出来走路的地方就是街道。城市就是一个扩大的综合性的整体的建筑群。在原始时代,一个村落或城市只有很简单的房屋和一些道路,到了近代,城市就是个极复杂的大东西了。电气设备、卫生工程、交通运输和各种各类的公共建筑物,它们之间的联系和关系,无论是街道、广场、园林或桥梁,都和建筑分不开。建筑是人类创造里面最大、最复杂、最耐久的东西。

今天还存在着许多古代的建筑物,像埃及的金字塔和欧洲中古的大教堂等。我们中国两千年前的建筑遗物留到今天的有帝王陵墓和古城等,较近代的有宫殿和庙宇等。一般讲来,这些建筑都是很大的东西。在人类的创造里面,没有比建筑物再大的了。五万吨的轮船,比我们的万里长城小多了。建筑物建立在土地上,是显著的大东西,任何人经过都不可能看不到它。不论是在城市里或乡村里，建筑物形成你的生活环境，同时也影响着你的生活。所以我们说它是有教育作用、有重大意义的东西。

❖ 建筑是有民族性的 ❖

莫斯科大学的形式是由俄罗斯传统发展出来的，是具有俄罗斯的民族形式的。在苏联①其他共和国，我们看见的是其他民族的形式，这种情形帮助我们明确认识社会主义的建筑是有民族性的。我们在俄罗斯所看到的建筑，是俄罗斯劳动人民创造出来的，一代又一代继承着俄罗斯传统而发展来的，所以没有一座像天安门那样的建筑物。因为天安门那种形式是中国劳动人民所创造的，它有它的传统，继承这个优良传统而发展起来的建筑，就会有中国的特征。这说明各个国家的建筑可以有同样的社会主义内容，也可以各有不同的艺术上的民族形式。

当然，我们可以在苏联盖一所中国民族形式的中华人民共和国大使馆，苏联也可以在中国盖一个俄罗斯民族形式的展览馆。可是我们不能无端把苏联形式的房子盖在中国，或在苏联用中国式的房屋作为他们的建筑的一般形式。建筑是

---

① 苏联已于1991年解体。

富有中国民族性的建筑 —— 苏州山塘街

在民族传统的基础上不断地发展变化着的。只有在我们被侵略、被当作半殖民地的时代，我们的城市中才会有各式各样的硬搬进来的"洋式"建筑，如在上海或天津那样。

第二次世界大战结束以后，民主德国在东柏林计划并重建了一条主要大道，整齐地盖了许多具有德意志民族形式的房子。西柏林也盖了一些房子，都是美国近年流行的玻璃匣子式的，样子五花八门，却丝毫没有德意志民族的风格。从西柏林到东柏林来的人，看到了继承德意志民族传统的新建筑，感叹地说："这才是回到祖国来了！"这是建筑物在人们精神上起巨大作用的一例。

中国建筑的类型[1]

我们要了解中国建筑有哪一些类型。

(1) 民居和象征政权的大建筑群,如衙署、府第、宫殿,这些基本上是同一类型,只有大小繁简之分。应该注意的是,它们的历史和艺术价值绝不在其大小繁简,而是在它们的年代、材料和做法上。

(2) 宗教建筑。本来佛教初来的时候,隋、唐都有"舍宅为寺[2]"的风气,各种寺院和衙署、府第没有大分别,但积渐[3]有了宗教上的需要和僧侣生活上的需要,而产生各种佛教寺院内的部署和形制,内中以佛塔为最突出。其他如道观、回教[4]的清真寺和基督教的礼拜堂等,都各有它们的典型特征和个别变化,不但反映历史上种种事实应予注意,且有高度的艺术成就,有永久保存的价值。例如:各处充满雕刻和壁画的石窟寺,就有极高的艺术价值。此外,中国无

---

[1] 本文节选自《古建序论》一文,全文为梁思成在考古工作人员训练班上的讲演记录,由林徽因整理。

[2] 士族、富商将自己的家宅捐为佛寺,这种风尚叫作"舍宅为寺",是当时市井中寺庙的重要源头。

[3] 逐渐积累而成。

[4] 伊斯兰教的旧称,1956 年停用。

佛教建筑——应县木塔

数的宝塔都是我们艺术的珍物。

（3）园林及其中附属建筑。园林的布局曲折上下，有山有水，衬以适当的颐神养性、感召精神的美丽建筑，是中国劳动人民所创造的辉煌艺术之一。北京城内的北海，城郊的颐和园、玉泉山、香山等原来的宫苑，和长江以南苏州、无锡、杭州各地过去的私家园林，都是艺术杰作，有无比的历史和艺术价值。

（4）桥梁和水利工程。我国过去的劳动人民有极丰富的造桥经验，著名的赵州大石桥[①]和卢沟桥等是人人都知道的伟大工程，而且也是艺术杰作。西南诸省有许多铁索桥，还有竹索桥，此外全国各地布满了大大小小的木桥和石桥，建造方法各有不同。在水利工程方面，如四川灌县[②]的都江堰，云南昆明的松花坝，都是令人叹服的古代工程。在桥和坝两方面，国内的实物就有很多是表现出我国劳动人民伟大的智慧、有极高的文物价值的。

（5）陵墓。历代封建帝王和贵族所建造的坟墓都是规模宏大、内中用很坚固的工程和很丰富的装饰的。它们也反映出那个时代的工艺美术和工程技术的种种方面，所以也是重要的历史文物和艺术特征的参考资料。墓外前面大多有附属

---

① 即河北赵州桥，详见第 51～52 页和第 96～98 页。

② 今四川省都江堰市。

的点缀，如华表、祭堂、小祠、石阙①等。著名的如山东嘉祥的武梁石祠，四川渠县和绵阳、河南嵩山、西康②雅安等地方都有不少石阙，寻常称"汉阙③"，是在建筑上有高度艺术性的石造建筑物。并且上面还包含一些浮雕石刻，是当时的重要艺术表现。四川有许多地方有汉代遗留下来的崖墓，立在崖边，墓口如石窟寺的洞口，内部有些石刻的建筑部分，如有斗拱④的石柱等，也是研究古代建筑的难得资料。

（6）防御工程。防御工程的目的在于防御，所以工程非常硕大坚固，自成一种类型，有它的特殊的雄劲的风格。如我们的万里长城，高低起伏地延伸到 2 300 余公里⑤，它绝不是一堆无意义的砖石，而是过去人类一种伟大的创作，有高度的工程造诣，有它的特殊严肃的艺术性，无论近代的什么人见到它，都不可能不肃然起敬，就证明这一点了。如北京、西安的城，都有重大历史意义，也都是伟大的艺术创作。在它们淳朴雄厚的城墙之上，巍然高峙的宏大城楼，是全城风光所系的突出点，从近处瞻望它们能引起无限美感，使人们

---

① 华表：古代宫殿、陵墓等大建筑物前面做装饰用的巨大石柱，柱身多雕刻有龙、凤等图案，上部横插着雕花的石板。石阙：神庙、陵墓前竖立的石雕。
② 旧省名，包括今四川省西部及西藏自治区东部地区，1955 年撤销。
③ 汉代石阙的简称。汉阙有石质"汉书"之称，是我国古代建筑的"活化石"。
④ 详见第 21～22 页对斗拱的介绍。
⑤ 万里长城现存明长城全长约 8852 公里。公里：长度单位，1 公里等于 1 千米。

生发对过去劳动人民的热爱和景仰，产生极大的精神作用。

（7）市街点缀。中国的城市的街道上有许多美化那个地区的装饰性的建筑物，如钟楼、鼓楼，各种牌坊、街楼，大建筑物前面的辕门和影壁①等。这些建筑物本来都是朴实的有用的类型，却被封建时代的意识所采用：为迷信的因素服务，也为反动的道德标准如贞节观念、光荣门第等观念服务。但在原来用途上，如牌坊就本是各民居入口的标识，辕门也是一个区域的界限，钟楼、鼓楼虽为了警告时间，但常常是市中心标识，所以都是需要艺术的塑形的。在中国各城市中，这些建筑物多半发展出高度艺术性的形象，成了街市中美丽的点缀，为了它们的艺术价值，这些建筑物是应保存与慎重处理的。

（8）建筑的附属艺术。壁画、彩画、雕刻、华表、狮子、石碑、宗教道具等，往往是和建筑分不开的。在记录或保护某个建筑物时，都要适当地注意到它的周围这些附属艺术品的地位和价值。有时它们只是历史资料，但多数情况下它们本身便是艺术精品。

（9）城市的总体形态和总布局。中国城市常是极有计划的城市，按照地形和历史的条件灵活地处理。街道的分布，

---

① 辕门：古时军营的门或官署的外门。影壁：亦称作照壁、影墙、照墙，是古代寺庙、宫殿、官府衙门和深宅大院前的一种建筑，即门外正对大门以做屏障的墙壁。

牌坊

大建筑物的耸立与衬托，市楼、公共场所、桥头、市中心和湖沼、堤岸等，常常是雄伟壮丽富于艺术性的安排，所形成的景物气氛给人以难忘的印象。在注意建筑文物的同时，对城市布局方面也应该注意有计划或有意识地进行摄影、测绘，以显示它们的特色。尤其是今天中国的城市都在发展中，对原有的在优良秩序基础上形成的某一城某一市的特殊风格，都应特别重视，以配合新的发展方向。

伟大的建筑传统——骨架结构法[1]

我们伟大的祖先在中华文化初放曙光的时代是"穴居"的。他们利用地形和土质的隔热性能,开凿出洞穴作为居住的地方。这方法,就是在后来文化进步过程中也没有完全舍弃,而且不断地加以改进。从考古学家所发现的周口店山洞,安阳的袋形穴[2]到今天华北、西北都还普遍的窑洞,都是进步到不同水平的穴居的实例。砖筑的窑洞已是很成熟的建筑工程。

在地形、地质和气候都比较不适宜穴居的地方,我们智慧的祖先很早就利用天然材料——主要的是木料、土与石——稍微加工制作,构成了最早的房屋。这种结构的基本原则,至迟在公元前一千四五百年间大概就形成了的,一直到今天还沿用着。《诗经》《易经》都同样提到这样的屋子,它们起了遮蔽风雨的作用。古文字流露出前人对于屋顶像鸟翼展开的形状特别表示满意,以"作庙翼翼""如鸟斯革,如

---

[1] 本文与后面的《石桥——赵州桥》《竹索桥——安澜桥》《古今城市的布局》均节选自《我国伟大的建筑传统与遗产》一文。
[2] 自地面向下掘出的口小底大的袋状洞穴。

袋形穴

翚斯飞"①等句子来形容屋顶的美。其次,早期文字里提到的很多都是木构部分,大部分都是为了承托梁栋和屋顶的结构。

这个骨架结构大致说来就是:先在地上筑土为台;台上安石础,立木柱;柱上安置梁架,梁架和梁架之间以枋将它们牵连,上面架檩,檩上安椽②,做成一个骨架,如动物之有骨架一样,以承托上面的重量。

在这构架之上,主要的重量是屋顶与瓦檐,有时也加增上层的楼板和栏杆。柱与柱之间则依照实际的需要,安装门

---

① 翼翼:庄严雄伟貌。革:翅膀。翚(huī):一种有五彩羽毛的野鸡。
② 石础:房柱下的基石。枋(fāng):两根柱子间起连接作用的方形横木。檩(lǐn):架在屋架或山墙上面用来支持椽子或屋面板的长条形构件。椽(chuán):放在檩上架着屋面板和瓦的木条。

窗。屋上部的重量完全由骨架担负，墙壁只作间隔之用。这样使门窗绝对自由，大小有无，都可以灵活处理。所以同样地立这样一个骨架，可以使它四面开敞，做成凉亭之类，也可以垒砌墙壁作为掩蔽周密的仓库之类。而寻常房屋厅堂的门窗墙壁及内部的间隔等，则都可以按其特殊需要而定。

从安阳发掘出来的殷墟坟宫遗址，一直到今天的天安门、太和殿，以及千千万万的庙宇民居农舍，基本上都是用这种骨架结构方法。因为这样的结构方法能灵活适应于各种用途，所以南至越南，北至黑龙江，西至新疆，东至朝鲜、日本，凡是中华文化所及的地区，在极为多样的气候之下，这种建筑系统都能满足每个地方人民的不同的需要。

中国建筑的九大特征

中国建筑的基本特征可以概括为下列九点。

(1) 个别的建筑物,一般由三个主要部分构成:下部的台基、中间的房屋本身和上部翼状伸展的屋顶。

(2) 在平面布置上,中国所称的一"所"房子是由若干座这种建筑物以及一些联系性的建筑物,如回廊、抱厦、厢、耳、过厅[①]等,围绕着一个或若干个庭院或天井建造而成的。

在这种布置中,往往左右均齐对称,构成显著的轴线。这同一原则,也常应用在城市规划上。主要的房屋一般都采取向南的方向,以取得最多的阳光。这样的庭院或天井里虽然也种植树木花草,但主要部分一般都有砖石墁[②]地,成为日常生活所常用的一种户外的空间,我们也可以说它是很好的"户外起居室"。

(3) 这个体系以木材结构为它的主要结构方法。这就是说,房身部分是以木材做立柱和横梁,成为一副梁架。每

---

① 抱厦(shà):房屋前面加出来的门廊,也指后面毗连着的小房子。厢:在正房前面两旁的房屋。耳:跟正房相连的两侧的小屋,也指厢房两旁的小屋。过厅:旧式房屋中,前后开门,可以由中间穿过的厅堂。

② 墁(màn):用砖、石等铺地面。

一副梁架有两根立柱和两层以上的横梁。每两副梁架之间用枋、檩之类的横木把它们互相牵搭起来，就成了"间"的主要构架，以承托上面的重量。

两柱之间也常用墙壁，但墙壁并不负重，只是像"帷幕"一样，用以隔断内外，或分划内部空间而已。因此，门窗的位置和处理都极自由，由全部用墙壁至全部开门窗，乃至既没有墙壁也没有门窗（如凉亭），都不妨碍负重的问题；房顶或上层楼板的重量总是由柱承担的。这种框架结构的原则直到现代的钢筋混凝土构架或钢骨架的结构才被应用，而我们中国建筑在三千多年前就具备了这个优点，并且恰好为中国将来的新建筑在使用新的材料与技术的问题上具备了极有利的条件。

（4）斗拱：在一副梁架上，在立柱和横梁交接处，在柱头上加上一层层逐渐挑出的称作"拱"的弓形短木，两层拱之间用称作"斗"的斗形方木块垫着。这种用拱和斗综合构成的单位叫作"斗拱"。它是

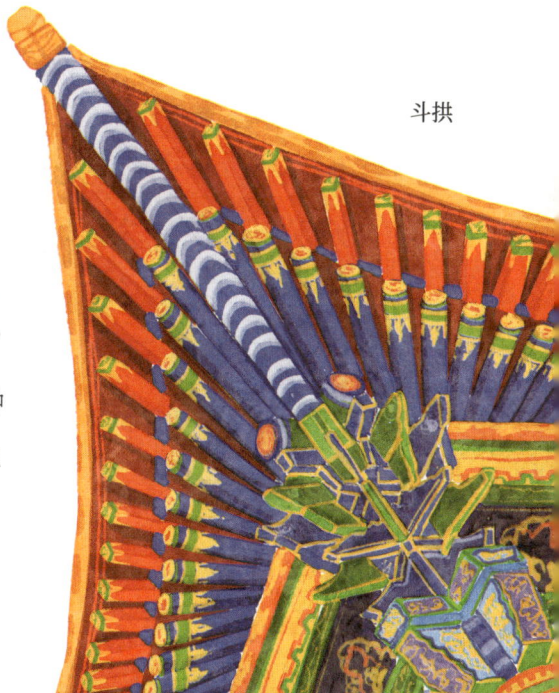

斗拱

用以减少立柱和横梁交接处的剪力,以减少梁的折断之可能的。斗拱的装饰性很早就被发现,不但在木构上得到了巨大的发展,并且在砖石建筑上也充分应用,它成为中国建筑中最显著的特征之一。

(5) 举折,举架①:梁架上的梁是多层的;上一层总比下一层短;两层之间的矮柱(或柁墩②)总是逐渐加高的。这叫作"举架"。屋顶的坡度就随着这举架,由下段的檐部缓和的坡度逐步增高为近屋脊处的陡斜,成了缓和的弯曲面。

(6) 屋顶在中国建筑中素来占着极其重要的位置。它的瓦面是弯曲的,一如上面所说。当屋顶是四面坡的时候,屋顶的四角也就是翘起的。它的壮丽的装饰性也很早就被发现而予以利用了。

在其他体系建筑中,屋顶素来是不受重视的部分,除掉穹隆顶③得到特别处理之外,一般坡顶都是草草处理,生硬无趣,甚至用女儿墙④把它隐藏起来。但在中国,古代智慧的匠师们很早就发掘了屋顶部分巨大的装饰性潜力。在

---

① "举折"是宋代的叫法,"举架"是清代的叫法。这两种方法虽然都能构成屋顶的坡度,但出发点和步骤却不相同。

② 柁墩(tuó dūn):上下两层梁枋之间能将上梁承受的重量迅速传到下梁的木墩或方形的木块。

③ 即穹隆式的屋顶,从外形来看,一般为球形或多边形的屋顶形式。

④ 建筑物屋顶周围的矮墙。

《诗经》里就有"如鸟斯革，如翚斯飞"的句子来歌颂像翼舒展的屋顶和出檐①。《诗经》开了端，两汉以来许多诗词歌赋中就有更多叙述屋子顶部和它的各种装饰的词句。

（7）大胆地用朱红作为大建筑物屋身的主要颜色，用在柱、门窗和墙壁上，并且用彩色绘画图案来装饰木构架的上部结构，如额枋、梁架、柱头和斗拱，无论外部内部都如此。在使用颜色上，中国建筑是世界各建筑体系中最大胆的。

（8）在木结构建筑中，所有构件交接的部分都大半露出，在它们外表形状上稍稍加工，使其成为建筑本身的装饰部分。例如：梁头做成"桃尖梁头"或"蚂蚱头"；额枋出头做成"霸王拳"；昂②的下端做成"昂嘴"，上端做成"六分头"或"菊花头"；将几层昂的上段固定在一起的横木做成"三福云"等。或如整组的斗拱和门窗上的刻花图案、门环、角叶③，乃至如屋脊、脊吻、瓦当④等，都属于这一类。它们都是结构部分，经过这样的加工而取得了高度装饰的效果。

---

① 在带有屋檐的建筑中，屋檐伸出梁架之外的部分。出檐的设计主要是为了方便做屋面排水，对外墙也起到保护作用。
② 斗拱结构中斜置入的长条形构件，起支撑屋檐的作用，有上昂、下昂之分。
③ 宋代彩画做法。
④ 我国传统建筑铺在房檐边上的滴水瓦的瓦头，呈圆形或半圆形，上有图案或文字。

(9) 在建筑材料中,大量使用有色琉璃砖瓦,尽量利用各色油漆的装饰潜力。木上刻花,石面上做装饰浮雕,砖墙上也加雕刻。这些也都是中国建筑体系的特征。

这一切特点都有一定的风格和手法,为匠师们所遵守,为人民所承认,我们可以叫它作中国建筑的"文法"。

大量使用蓝色琉璃瓦的典范——北京天坛

瓦当

附录：

富有装饰性的屋顶

中国古代的匠师很早就发现了利用屋顶以取得艺术效果的可能性。《诗经》里就有"作庙翼翼"之句。三千年前的诗人就这样歌颂祖庙舒展如翼的屋顶。

到了汉朝，后世的五种屋顶——四面坡的庑（wǔ）殿顶，四面、六面、八面坡或圆形的攒尖顶，两面坡但两山墙与屋面齐的硬山顶，两面坡而屋面挑出到山墙之外的悬山

穹隆顶	庑殿顶	硬山顶
悬山顶	歇山顶	四角攒尖顶
圆形攒尖顶	盝顶	卷棚

古建屋顶类型

顶，以及上半是悬山而下半是四面坡的歇山顶——就已经具备了。

可能在南北朝，屋面已经做成弯曲面，檐角也已经翘起，使屋顶呈现轻巧活泼的形象。结构关键的屋脊、脊端都予以强调，加上适当的雕饰。檐口的瓦也得到装饰性的处理。

宋代以后，又大量采用琉璃瓦，为屋顶加上颜色和光泽，成为中国建筑最突出的特征之一。

——节选自《〈中国古代建筑史〉（六稿）绪论》

建筑的艺术

为了便于广大读者了解我们的问题,我在这里简略地介绍一下在考虑建筑的艺术问题时,在技巧上我们应考虑哪些方面。

❧ 轮廓 ❧

首先我们从一座建筑物作为一个有三度空间的体量上去考虑,从它所形成的总体轮廓去考虑。例如天安门,看它的下面的大台座和上面双重房檐的门楼所构成的总体轮廓,看它的大小、高低、长宽等等的相互关系和比例是否恰当。在这一点上,好比看一个人,只要先从远处一望,看她头的大小、肩膀宽窄、胸腰粗细、四肢的长短、站立的姿势,就可以大致做出结论她是不是一个美人了。建筑物的美丑问题,也有类似之处。

❧ 比例 ❧

其次就要看一座建筑物的各个部分和各个构件的本身和相互之间的比例关系。例如门窗和墙面的比例,门窗和柱子的比例,柱子和墙面的比例,门和窗的比例,门和门、窗和窗的比例，这一切的左右关系之间的比例，上下层关系之间的比例，等等。此外，又有每一个构件本身的比例，例如门的宽和高的比例，窗的宽和高的比例，柱子的柱径和柱高的比例，檐子的深度和厚度的比例，等等。

总而言之，抽象地说，就是一座建筑物在三度空间和两度空间的各个部分之间的虚与实的比例关系、凹与凸的比例关系、长宽高的比例关系的问题。而这种比例关系是决定一座建筑物好看不好看的最主要的因素。

尺度

在建筑的艺术问题之中，还有一个和比例很相近，但又不仅仅是上面所谈到的比例的问题。我们叫它作建筑物的尺度。有时候我们听见人说，某一个建筑真奇怪，实际上那样高大，但远看过去却不显得怎么大，要一直走到跟前抬头一望，才看到它有多么高大。这是什么道理呢？这就是因为尺度的问题没有处理好。

一座大建筑并不是一座小建筑的简单地按比例放大。其中有许多东西是不能放大的，有些虽然可以稍微放大一些，但不能简单地按比例放大。例如有一个房间，高3米，它的门高2.1米，宽90厘米；门上的锁把子离地板高1米；门外有几步台阶，每步高15厘米，宽30厘米；房间的窗台离地板高 90 厘米。但是当我们盖一间高 6 米的房间的时候，我们却不能简单地把门的高宽、门锁和窗台的高度、台阶每步的高宽按比例加一倍。在这里，门的高宽是可以略略放大一点的，但放大也必须合乎人的尺度，例如说，可以放到高 2.5 米、宽 1.1 米左右，但是窗台、门把手的高度，台阶每步的高宽却是绝对的，不可改变的。

由于建筑物上这些相对比例和绝对尺寸之间的相互关系，就产生了尺度的问题，处理得不好，就会使得建筑物的实际大小和视觉上给人的大小的印象不相称。这是建筑设计中的艺术处理手法上一个比较不容易掌握的问题。从一座建筑的整体到它的各个局部细节，乃至于一个广场，一条街道，一个建筑群，都有这尺度问题。

美术家画人也有与此类似的问题。画一个大人并不是把一个小孩按比例放大；按比例放大，无论放多大，看过去还是一个小孩子。在这一点上，画家的问题比较简单，因为人的发育成长有它的自然的、必然的规律。但在建筑设计中，一切都是由设计人创造出来的，每一座不同的建筑在尺度问题上都需要给予不同的考虑。要做到无论多大多小的建筑，看过去都和它的实际大小恰如其分地相称，可是一件不太简单的事。

均衡

在建筑设计的艺术处理上还有均衡、对称的问题。如同其他艺术一样,建筑物的各部分必须在构图上取得一种均衡、安定感。取得这种均衡的最简单的方法就是用对称的方法,在一根中轴线的左右完全对称。这样的例子最多,随处可以看到。但取得构图上的均衡不一定要用左右完全对称的方法。有时可以用一边高起,一边平铺的方法;有时可以用一边用一个大的体积,一边用几个小的体积的方法或者其他方法取得均衡。

这种形式的多样性是由于地形条件的限制,或者由于功能上的特殊要求而产生的。但也有由于建筑师的喜爱而做出来的。山区的许多建筑都采取不对称的形式,就是由于地形的限制。有些工业建筑由于工艺过程的需要,在某一部位上会突出一些特别高的部分,高低不齐,有时也取得很好的艺术效果。

节奏

节奏和韵律是构成一座建筑物的艺术形象的重要因素;前面所谈到的比例,有许多就是节奏或者韵律的比例。这种节奏和韵律也是随地可以看见的。

例如从天安门经过端门到午门,天安门是重点的一节或者一个拍子，然后左右两边的千步廊，各用一排等距离的柱子，有节奏地排列下去。但是每九间或十一间，节奏就要断一下，加一道墙，屋顶的脊也跟着断一下。经过这样几段之后，就出现了东西对峙的太庙门和社稷门，好像引进了一个新的主题。这样有节奏有韵律地一直到达端门，然后又重复一遍到达午门。

事实上，差不多所有的建筑物，无论在水平方向上或者垂直方向上，都有它的节奏和韵律。我们若是把它分析分析，就可以看到建筑的节奏、韵律有时候和音乐很相像。

例如有一座建筑，由左到右或者由右到左，是一柱、一窗，一柱、一窗地排列过去，就像"柱、窗，柱、窗，柱、窗……"的2/4拍子。若是一柱二窗的排列法，就有点像"柱、窗、窗，柱、窗、窗……"的圆舞曲。若是一柱三窗地排列，就是"柱、窗、窗、窗，柱、窗、窗、窗……"的4/4拍子了。

在垂直方向上，也同样有节奏、韵律；北京广安门外的天宁寺塔就是一个有趣的例子。由下看上去，最下面是一个扁平的不显著的月台；上面是两层大致同样高的重叠的须弥座[①]；再上去是一周小挑台，专门名词叫平座；平座上面是一

[①] 源自印度，系安置佛、菩萨像的台座，后来代指建筑装饰的底座。

圈栏杆；栏杆上是一个三层莲瓣座；再上去是塔的本身，高度和两层须弥座大致相等；再上去是十三层檐子；最上是攒尖瓦顶，顶尖就是塔尖的宝珠。按照这个层次和它们高低不同的比例，我们大致（只是大致）可以看到（而不是听到）一段节奏。

❧ 质感 ❧

在建筑的艺术效果上另一个起作用的因素是质感，那就是材料表面的质地的感觉。这可以和人的皮肤相比，看看她的皮肤是粗糙还是细腻，是光滑还是皱纹很多；也像衣料，看它是毛料、布料还是绸缎，是粗是细，等等。

建筑表面材料的质感，主要是由两方面来掌握的，一方面是材料的本身，一方面是材料表面的加工处理。建筑师可以运用不同的材料，或者是几种不同材料的相互配合而取得各种艺术效果；也可以只用一种材料，但在表面处理上运用不同的手法而取得不同的艺术效果。

例如北京的故宫太和殿，就是用汉白玉的台基和栏杆，下半青砖上半抹灰的砖墙，木材的柱梁和斗拱以及琉璃瓦等不同的材料配合而成的（当然这里面还有色彩的问题，下面再谈）。欧洲的建筑，大多用石料，打得粗糙就显得雄壮有力，打磨得光滑就显得斯文一些。

同样的花岗石，从极粗糙的表面到打磨得像镜子一样光亮，不同程度的打磨，可以取得十几二十种不同的效果。用方整石块砌的墙和用乱石砌的"虎皮墙"，效果也极不相同。至于木料，不同的木料，特别是由于木纹的不同，都有不同的艺术效果。用斧子砍的，用锯子锯的，用刨子刨的，以及用砂纸打光的木材，都各有不同的效果。抹灰墙也有抹光的，有拉毛的；拉毛的方法又有几十种。油漆表面也有光滑的或者皱纹的处理。这一切都影响到建筑的表面的质感。建筑师在这上面是大有文章可做的。

色彩

关系到建筑的艺术效果的另一个因素就是色彩。在色彩的运用上，我们可以利用一些材料的本色。例如不同颜色的石料、青砖或者红砖，不同颜色的木材，等等。但我们更可以采用各种颜料，例如用各种颜色的油漆，各种颜色的琉璃，各种颜色的抹灰和粉刷，乃至不同颜色的塑料，等等。

在色彩的运用上，自古以来，中国的匠师是最大胆和最富有创造性的。咱们就看看北京的故宫、天坛等建筑吧。白色的台基，大红色的柱子、门窗、墙壁；檐下青绿点金的彩画；金黄的或是翠绿的或是宝蓝的琉璃瓦顶，特别是在秋高气爽、万里无云、阳光灿烂的北京的秋天，配上蔚

天安门

蓝色的天空做背景。那是每一个初到北京来的人永远不会忘记的印象。这对于我们中国人都是很熟悉的，没有必要在这里多说了。

❖ 装饰 ❖

关于建筑物的艺术处理，我要谈的最后一点就是装饰雕刻的问题。总的说来，它是比较次要的，就像衣服上的绲边①或者是绣点花边，或者是胸前的一个别针，头发上的一个卡子或蝴蝶结一样。这一切，对于一个人的打扮，虽然也能起一定的效果，但毕竟不是主要的。

对于建筑也是如此，只要总的轮廓、比例、尺度、均衡、节奏、韵律、质感、色彩等等问题处理得恰当，建筑的艺术效果就大致已经决定了。假使我们能使建筑像唐朝的虢国夫人那样，能够"淡扫蛾眉朝至尊"，那就最好。但这不等于说建筑就根本不应该有任何装饰。必要的时候，恰当地加一点装饰，是可以取得很好的艺术效果的。

要装饰用得恰当，还是应该从建筑物的功能和结构两方面去考虑。再拿衣服来做比喻。衣服上的装饰也应从功能和结构上考虑，不同之处在于衣服还要考虑到人的身体的结

---

① 绲（gǔn）边：在衣服、布鞋等的边缘特别缝制的一种圆棱形的边儿。

构。例如领口、袖口，旗袍的下摆、开衩、大襟都是结构的重要部分，有必要时可以绣些花边；腰是人身结构的"上下分界线"，用一条腰带来强调这条分界线也是恰当的。又如口袋有它的特殊功能，因此把整个口袋或口袋的口子用一点装饰来突出一下也是恰当的。

建筑的装饰，也应该抓住功能上和结构上的关键来略加装饰。例如，大门口是功能上的一个重要部分，就可以用一些装饰来强调一下。结构上的柱头、柱脚、门窗的框子，梁和柱的交接点，或是建筑物两部分的交接线或分界线，都是结构上的"节骨眼"，也可以用些装饰强调一下。

在这一点上，中国的古代建筑是最善于对结构部分予以灵巧的艺术处理的。我们看到的许多装饰，如桃尖梁头，各种的云头或荷叶形的装饰，绝大多数就是在结构构件上的一点艺术加工。结构和装饰的统一是中国建筑的一个优良传统。屋顶上的脊和鸱吻、兽头、仙人、走兽[①]等等装饰，它们的位置、轻重、大小，也是和屋顶内部的结构完全一致的。

---

① 鸱（chī）吻：中式房屋屋脊两端的陶制装饰物，最初的形状略像鸱的尾巴，后来演变为向上张口的样子，所以叫鸱吻。鸱，古书上指鹞鹰。走兽：又叫"小兽"，宋代称"蹲兽"，古代建筑屋顶檐角所用装饰物。根据建筑物的体量大小定其使用数量，一般采用单数，故宫太和殿用10个，属于特例。其排列顺序为龙、凤、狮子、海马、天马、押鱼、狻猊（suān ní）、獬豸（xiè zhì）、斗牛、行什，多为有象征意义的传说中的异兽。

由于装饰雕刻本身也是自成一派的艺术创作,所以上面所谈的比例、尺度、质感、对称、均衡、韵律、节奏、色彩等等方面,也是同样应该考虑的。

当然,运用装饰雕刻,还要按建筑物的性质而定。政治性强、艺术要求高的,可以适当地用一些。工厂车间就根本用不着。一个总的原则就是不可滥用。滥用装饰雕刻,就必然欲益反损,弄巧成拙,得到相反的效果。

鸱吻

戗(qiāng)兽

走兽

骑凤仙人

套兽

屋顶上的装饰

总而言之，建筑的创作必须从国民经济、城市规划、适用、经济、材料、结构、美观等等方面全面地、综合地考虑。而它的艺术方面必须在前面这些前提下，再从轮廓、比例、尺度、质感、节奏、韵律、色彩、装饰等等方面去综合考虑，在各方面受到严格的制约，是一种非常复杂的、高度综合性的艺术创作。

千篇一律与千变万化[1]

古今中外的无数建筑，除去极少数例外，几乎都以重复运用各种构件或其他构成部分作为取得艺术效果的重要手段之一。

就举首都人民大会堂为例。它的艺术效果中一个最突出的因素就是那几十根柱子。虽然在不同的部位上，这一列和另一列柱在高低大小上略有不同，但每一根柱子都是另一根柱子的完全相同的简单重复。至于其他门、窗、檐、额等等，也都是一个个依样葫芦。这种重复却是给予这座建筑以统一性和雄伟气概的一个重要因素，是它的形象上最突出的特征之一。

历史上最杰出的一个例子是北京的明清故宫。从已被拆除了的中华门（大明门、大清门）开始就以一间接着一间，重复了又重复的千步廊一口气排列到天安门。从天安门到端门、午门又是一间间重复着的"千篇一律"的朝房。再进去，太和门和太和殿、中和殿、保和殿成为一组的"前三殿"与乾清门和乾清宫、交泰殿、坤宁宫成为一组的"后三

---

[1] 本文曾入选中学语文教材。

殿"的大同小异的重复,就更像乐曲中的主题和"变奏";每一座的本身也是许多构件和构成部分的重复;而东西两侧的廊、庑[①]、楼、门,又是比较低微的,以重复为主但亦有相当变化的"伴奏"。

然而整个故宫,它的每一个组群,每一个殿、阁、廊、门却全部都是按照明清两朝工部的"工程做法"的统一规格、统一形式建造的,连彩画、雕饰也尽如此,都是无尽的重复。我们完全可以说它们"千篇一律"。

但是,谁能不感到,从天安门一步步走进去,就如同置身于一幅大"手卷"里漫步;在时间持续的同时,空间也连续着"流动"。那些殿堂、楼门、廊庑虽然制作方法千篇一律,然而每走几步,前瞻后顾、左睇右盼,那整个景色的轮廓、光影,却都在不断地改变着,一个接着一个新的画面出现在周围,千变万化。空间与时间、重复与变化的辩证统一在北京故宫中达到了最高的境界。

颐和园里的谐趣园,绕池环览整整360度周圈,也可以看到这点。

至于颐和园的长廊,可谓千篇一律之尤者也。然而正是那目之所及的无尽重复,才给游人以那种只有它才能给人

[①] 正房对面和两侧的小屋子。

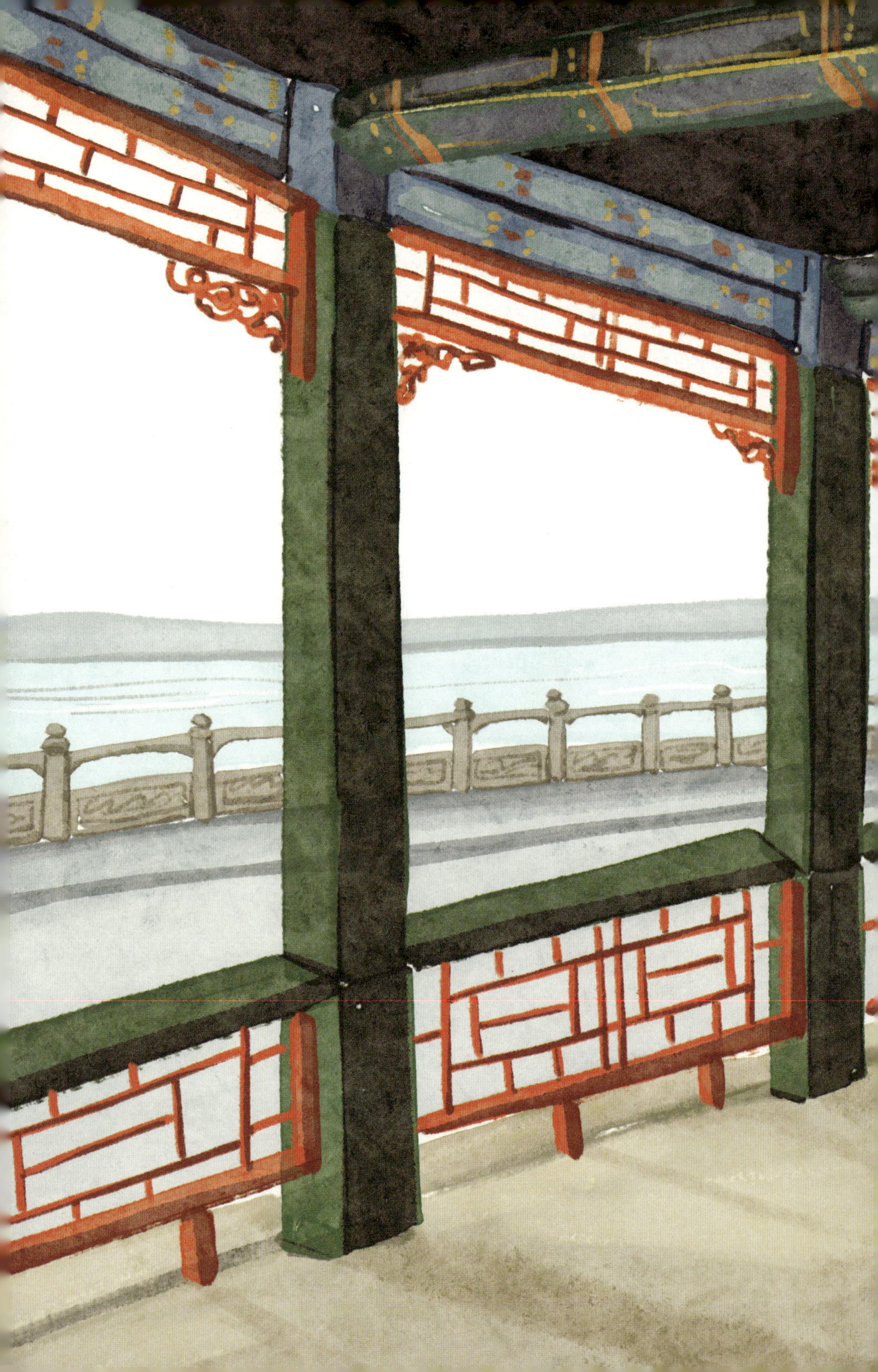

颐和园长廊

的特殊感受。大胆来个荒谬绝伦的设想：那800米长廊的几百根柱子，几百根梁枋，一根方，一根圆，一根八角，一根六角……；一根肥，一根瘦，一根曲，一根直……；一根木，一根石，一根铜，一根钢筋混凝土……；一根红，一根绿，一根黄，一根蓝……；一根素净无饰，一根高浮盘龙，一根浅雕卷草[1]，一根彩绘团花……这样"千变万化"地排列过去，那长廊将成何景象！

　　有人会问：那么走到长廊以前，乐寿堂临湖回廊墙上的花窗不是各具一格、千变万化的吗？是的。就回廊整体来说，这正是一个"大同小异"，大统一中的小变化的问题。既得花窗"小异"之谐趣，无伤回廊"大同"之统一。且先以这样的花窗小小变化，作为廊柱无尽重复的"前奏"，也是一种"欲扬先抑"的手法。

　　翻开一部世界建筑史，凡是较优秀的个体建筑或者组群，一条街道或者一个广场，往往都以建筑物形象重复与变化的统一而取胜。说是千篇一律，却又千变万化。每一条街都是一轴"手卷"、一首"乐曲"。千篇一律和千变万化的统一在城市面貌上起着重要作用。

---

[1] 卷草纹是中国传统图案之一。这种纹样以植物的藤蔓为形态，卷曲缠绕，形成连续不断的图案。

从"燕用"——不祥的谶语说起

传说宋朝汴梁有一位巧匠，汴梁宫苑中的屏扆、窗牖[1]，凡是他制作的，都刻上自己的姓名——燕用。后来金人破汴京，把这些门、窗、隔扇、屏风等搬到燕京（今北京），用于新建的宫殿中，因此后人说："用之于燕，名已先兆。"匠师在自己的作品上签名，竟成了不祥的谶语[2]！

其实"燕用"的何止一些门、窗、隔扇、屏风？据说宋徽宗赵佶（jí）"竭天下之富"营建汴梁宫苑，金人陷汴京，就把那一座座宫殿"输来燕幽"。金燕京（后改称中都）的宫殿，有一部分很可能是由汴梁搬来的。否则那些屏扆、窗牖，也难"用之于燕"。

原来，中国传统的木结构是可以"搬家"的。今天在北京陶然亭公园，湖岸山坡上挺秀别致的叠韵楼是前几年（1954年）我们从中南海搬去的。兴建三门峡水库的时候，我们也把水库淹没区内元朝建造的道观——永乐宫组群由山西芮（ruì）城县永乐镇搬到四五十里[3]外的龙泉村附近。

---

[1] 屏扆（yǐ）：屏风。窗牖（yǒu）：窗户。

[2] 谶（chèn）语：迷信的人指事后应验的话。

[3] 长度单位，1里等于500米。

为什么千百年来，我们可以随意把一座座殿堂楼阁搬来搬去呢？用今天的术语来解释，就是因为中国的传统木结构采用的是一种"标准设计，预制构件，装配式施工"的"框架结构"，只要把那些装配起来的标准预制构件——柱、梁、枋、檩、门、窗、隔扇等等拆卸开来，搬到另一个地方，重新装配起来，房屋就"搬家"了。

从前盖新房子，在所谓"上梁"的时候，往往可以看到双柱上贴着红纸对联："立柱适逢黄道日，上梁正遇紫微星。"这副对联正概括了我国世世代代匠师和人民对于房屋结构的基本概念。它说明我国传统的结构方法是一种我们今天所称"框架结构"的方法：先用柱、梁搭成框架；在那些横梁直柱所形成的框框里，可以在需要的位置上，灵活地或者砌墙，或者开门开窗，或者安装隔扇，或者空敞着；上层楼板或者屋顶的重量，全部由框架的梁和柱负荷。可见，柱、梁就是房屋的骨架，立柱上梁就成为整座房屋施工过程中极其重要的环节，所以需要挑一个"黄道吉日"，需要"正遇紫微星"的良辰。

从殷墟遗址看起，一直到历代无数的铜器和漆器的装饰图案、墓室、画像石、明器[①]、雕刻、绘画和建筑实例，我们

---

① 古代陪葬的器物。最初的明器是死者生前用的器物，后来多为陶土、木头等仿制的模型。也作冥器。

可以得出结论：这种框架结构的方法，在我国至少已有三千多年的历史了。

在漫长的发展过程中，世世代代的匠师衣钵相承，积累了极其丰富的经验。到了汉朝，这种结构方法已臻成熟；在全国范围内，不但已经形成了一个高度系统化的结构体系，而且在解决结构问题的同时，也用同样高度系统化的体系解决了艺术处理的问题。由于这种结构方法内在的可能性，匠师们很自然地就把设计、施工方法向标准化的方向推进，从而使得预制和装配有了可能。

至迟从唐代开始，历代的封建王朝，为了统一营建的等级制度，保证工程质量，便利工料计算，同时还为了保证建筑物的艺术效果，在这一结构体系下，都各自制订一套套的"法式""做法"之类。

到今天，在我国浩如烟海的古籍遗产中，还可以看到两部全面阐述建筑设计、结构、施工的高度系统化的术书——北宋末年的《营造法式》和清雍正年间的《工程做法则例》。此外，各地还有许多地方性的《鲁班经》《木经》之类。它们都是我们珍贵的遗产。

石栏杆简说

栏杆是个人人熟悉的名词,本用不着解释。在拙著《清式营造则例》中,我曾为其下定义,兹姑且略加修正,解释如下:

栏杆是台、楼、廊、梯,或其他居高临下处的建筑物边沿上防止人物下坠的障碍物;其通常高度约合人身之半。栏杆在建筑上本身无所荷载,其功用为阻止人物前进或下坠,却以不遮挡前面景物为限,故其结构通常都很单薄,玲珑巧制,镂空剔透的居多。

栏杆古作阑干,原是纵横之义:纵木为阑,横木为干。由字义及建筑用料的通常倾向推测,最初的阑干,全为木质是没有疑义的。栏杆亦称钩阑,宋画中所常见的,有木质镶铜的,或即此种名词的实物代表。

栏杆在中国建筑中是一种极有趣味的部分;在中国文学中,也占了特殊的位置,是一个富有诗意、非常浪漫的名词。六朝唐宋以来的诗词里,文人都爱用几次"阑干",画景诗意，那样合适，又那样现成。但是滥用的结果，栏杆竟变成了一种伤感、作态、细腻乃至于香艳的代表。唐李颀"苔色上钩阑"，李太白"沉香亭北倚阑干"，都算是最初老实写实的词句，与后世许多没有栏杆偏要说阑干，来了愁思便倚上去的大大不同。

其实栏杆固富于诗意，却也是建筑艺术上一个极成功的形体。在古代遗物中，我们所知道的最古的阑干，当推汉画像石及明器。在明器中，有用横木直木的，有用套环纹的，有饰以鸟兽形的，图案不一，可见虽远在汉代，栏杆已是富于变化性的建筑部分了。

第二古老的阑干见于云冈，在中部第五窟中，门上高处刻有曲尺纹阑干。这种形制，直至唐末宋初，尚通行于中国、日本。除去云冈的浮雕与敦煌许多壁画外，这种栏杆的木制者，在日本奈良法隆寺金堂、五重塔及其他许多的遗物上，在国内如河北蓟县[①]独乐寺观音阁及山西大同华严寺薄伽教藏殿内壁藏等处，都可见到。

民国十九年（1930 年），卢树森、刘敦桢两位先生重修南京栖霞山舍利塔时，发掘得曲尺纹残石栏板一块。后来重修栏杆便完全按照那形式补刻全部。这塔的年代，我认为是

---

① 蓟（jì）县：今天津市蓟州区。

五代所重建，恐非隋原物。但是石栏板的年代，也许有比塔更古的可能；无论其为隋物抑或五代物，仍不失为我们现在所知道中国最古的曲尺纹栏板实物。在这遗物上，我们可以看出它显然不唯完全模仿木栏杆的形式，而且完全模仿木质的权衡。以石仿木的倾向本极自然，千年来中国的石栏杆还没有完全脱离古法，也是如此。

中国建筑师[1]

　　中国的建筑自古以来,都是许多劳动者为解决生活中一项主要的需要,在不自觉中的集体创作。许多不知名的匠师们,累积世世代代的传统经验,在各个时代中不断地努力,形成了中国的建筑艺术。他们的名字,除了少数因服务于统治阶级而得留名于史籍者外,还有许多因杰出的技术,为一般人民所尊敬,或为文学家所记述,或在建筑物旁边碑石上留下名字。

　　人民传颂的建筑师,第一名我们应该提出鲁班。他是公元前七或前六世纪的人物,能建筑房屋、桥梁,制作车舆以及日用的器皿。他是"巧匠"(有创造性发明的工人)的典型,两千多年来,他被供奉为木匠之神。

　　隋朝(581—618年)的一位天才匠师李春,在河北省赵县城外建造了一座大石桥,是世界最古的空撞券桥[2],到今

---

[1] 本文源自梁思成为《苏联大百科全书》写的专稿。全文分两部分,第一部分为中国建筑,第二部分为中国建筑师,即本文。
[2] 券(xuàn):又叫拱券,指桥梁、门窗等建筑物上筑成弧形的部分。券的两肩叫作"撞"。一般石桥的撞都用石料砌实,而赵州桥却是在券的两肩各砌了两个弧形的小券。人们把这种形式的桥叫作"空撞券桥"。

天还存在着。这桥的科学的做法，在工程上伟大的成功，说明了在那时候，中国的工程师已积累了极丰富的经验，再加上他个人智慧的发明，使他的名字受到地方人民的尊敬，很清楚地镌刻在石碑上。

十世纪末叶的著名匠师喻皓，最长于建造木塔及多层楼房。他设计河南省开封的开宝寺塔，先做模型，然后施工。他使塔身向西北倾侧，以抵抗当地的主要风向，他预计塔身在一百年内可以被风吹正，并预计塔可存在七百年。可惜这塔因开封的若干次水灾，宋代的建设现在已全部不存。[①] 此外，喻皓曾将木材建造技术著成《木经》一书，后来宋代的《营造法式》就是依据此书写成的。

著名画家而兼能建筑设计的，唐朝有阎立德，他为唐太宗计划骊山温泉宫。宋朝还有郭忠恕为宋太宗建宫中的大图书馆——崇文院，即"三馆秘阁"。

此外，史书中所记录的"建筑师"差不多全是为帝王服务、监修工程而著名的。这类留名史籍的人之中，有很多只是在工程上负行政监督的官吏，不一定会专门的建筑技术，我们在此只提出几个以建筑技术出名的人。

我们首先提出的是公元前三世纪初年为汉高祖营建长

---

① 亦有资料称，开宝寺塔于 1044 年遭雷击而被焚毁，仅存世 55 年。

安城和未央宫的阳城延，他的出身是高祖军队中一名平常的"军匠"，后来做了高祖的将作少府（皇帝的总建筑师）。他的天才为初次真正统一的中国建造了一个有计划的全国性首都，并为皇帝建造了多座皇宫，为政府机关建造了衙署。

其次要提的是为隋文帝（六世纪末年）计划首都的刘龙和宇文恺。这时汉代的长安已经毁灭，他们在汉长安附近另外为隋朝计划一个新首都。

在这个中国历史上最大的都城里，他们首次实行了分区计划，皇宫、衙署、住宅、商业都有不同的区域。这个城的面积约 70 平方公里①，比现在的北京城还大。灿烂的唐朝，就继承了这城作为首都。

中国建筑历史中留下专门技术著作的建筑师是十一世纪间的李诫。他是皇帝艺术家宋徽宗的建筑师。除去建造了许多宫殿、寺庙、衙署之外，他在 1103 年刊行的《营造法式》一书，是中国现存最古最重要的建筑技术专书。南宋时监修行宫的王晚将此书传至南方。

十三世纪中叶蒙古征服者入中原以后，忽必烈定都大都（今北京），任命波斯工匠也黑迭儿主持都城规划并督造宫殿。马可·波罗所看见的大都就是也黑迭儿的作品。他虽是波斯人，但在部署的制度和建筑结构的方法上都与当时的中

---

① 面积单位，1 平方公里等于 1 平方千米。

国官吏合作，仍然是遵照中国古代传统做的。

在十五世纪的前半期中，明朝皇帝重建了元代的北京城，主要的建筑师是阮安。北京的城池，九个城门，皇帝居住的两宫，朝会办公的三殿，五个王府，六个部，都是他负责建造的。除建筑外，他还是著名的水利工程师。

在清朝（1644—1911年）两百六十余年间，北京皇室的建筑师成了世袭的职位。在十七世纪末，一个南方匠人雷发达应募来北京参加营建宫殿的工作，因为技术高超，很快就被提升担任设计工作。从他起一共七代，直到清朝末年，主要的皇室建筑，如宫殿、皇陵、圆明园、颐和园等都是雷氏负责的。这个世袭的建筑师家族被称为"样式雷"。

二十世纪以来，欧洲建筑被帝国主义侵略者带入中国，所以出国留学的学生有一小部分学习欧洲系统的建筑师。他们用欧美的建筑方法，为半殖民地及半封建势力的中国建筑了许多欧式房屋。但到1920年前后，随着革命的潮流，开始有了民族意识的表现。其中最早的一个是吕彦直，他是孙中山陵墓的设计者。那个设计有许多缺点，无可否认是不成熟的，但它是由崇尚欧化的风气中回到民族形式的表现。吕彦直在完成中山陵之前就死了。那时已有少数的大学成立了建筑系，以培养中国新建筑师为目的。建筑师们一方面努力于新民族形式之创造，一方面努力于中国古建筑之研究。

1929年所成立的中国营造学社[①]中的几位建筑师就是专门做实地调查测量工作，然后制图写报告。他们的目的在将他们的成绩供给建筑学系做教材，但尚未能发挥到最大的效果。中华人民共和国成立后，在毛泽东思想领导下，遵循共同纲领所指示的方向，正在开始的文化建设的高潮里，新中国建筑的创造已被认为是一种重要的工作。建筑师已在组织自己的中国建筑工程学会，研究他们应走的道路，准备在大规模建设时，为人民的新中国服务。

---

① 梁思成于1931年进入中国营造学社工作，担任法式部主任。

建筑师是怎样工作的[1]

上次谈到建筑作为一门学科的综合性,有人就问:"那么,一个建筑师又怎样进行具体的设计工作呢?"多年来不断有人这样问。

首先应当明确建筑师的职责范围。概括地说,他的职责就是按任务提出的具体要求,设计最适用,最经济,符合于任务要求的坚固度而又尽可能美观的建筑;在施工过程中,检查并监督工程的进度和质量;工程竣工后还要参加验收的工作。现在主要谈谈设计的具体工作。

设计首先是用草图的形式将设计方案表达出来。如同绘画的创作一样,设计人必须"意在笔先"。但是这个"意"不像画家的"意"那样只是一种意境和构图的构思(对不起,画家同志们,我有点简单化了!),而需要有充分的具体资料和科学根据。

他不仅要做大量的调查研究,而且还要"体验生活"。所谓"生活",主要的固然是人的生活,但在一些生产性建筑的设计中,他还需要"体验"一些高炉、车床、机器等等

---

[1] 本文原载于《人民日报》1962年4月29日第5版,后被收入中学教科书。

的"生活"。他的立意必须受到自然条件，各种材料技术条件，城市（或乡村）环境，人力、财力、物力以及国家和地方的各种方针、政策、规范、定额、指标等等的限制。有时他简直是在极其苛刻的束缚下进行创作。不言而喻，这一切之间必然充满了矛盾。建筑师"立意"的第一步就是掌握这些情况，统一它们之间的矛盾。

具体地说：他首先要从适用的要求下手，按照设计任务书提出的要求，拟定各种房间的面积、体积。房间各有不同用途，必须分隔；但彼此之间又必然有一定的关系，必须联系。因此必须全盘综合考虑，合理安排——在分隔之中求得联系，在联系之中求得分隔。这种安排很像摆"七巧板"。

什么叫合理安排呢？举一个不合理的（有点夸张到极端化的）例子。假使有一座北京旧式五开间的平房，分配给一家人用。这家人需要客厅、餐厅、卧室、卫生间、厨房各一间。假使把这五个房间这样安排：

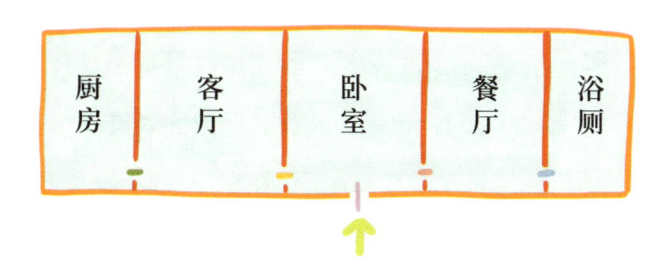

| 厨房 | 客厅 | 卧室 | 餐厅 | 浴厕 |

可以想象，住起来多么不方便！客人来了要通过卧室才走进客厅；买来柴米油盐鱼肉蔬菜也要通过卧室、客厅才进厨房；开饭又要端着菜饭走过客厅、卧室才到餐厅；半夜起来要走过餐厅才能到卫生间解手！只有"饭前饭后要洗手"比较方便。假使改成下面这样，就比较方便合理了。

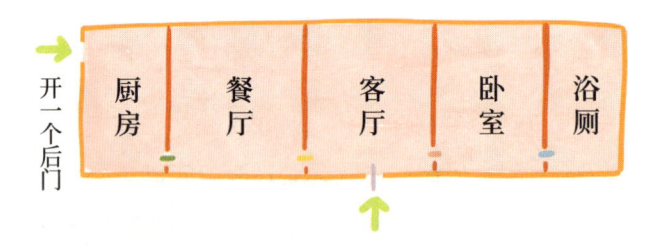

| 开一个后门 | 厨房 | 餐厅 | 客厅 | 卧室 | 浴厕 |

当一座房屋有十几、几十，乃至几百个房间都需要合理安排的时候，它们彼此之间的相互关系就更加多方面且错综复杂，更不能像我们利用这五间老式平房这样通过一间走进另一间，因而还要加上一些除了走路之外别无他用的走廊、楼梯之类的"交通面积"。房间的安排必须反映并适应组织系统或生产程序和生活的需要。这种安排有点像下棋，要使每一子、每一步都和别的棋子有机地联系着，息息相关；但又须有一定的灵活性以适应改作其他用途的可能。当然，"适用"的问题还有许多其他方面，如日照（朝向）、避免城市噪声、通风等等，都要在房间布置安排上给予考虑。这叫作"平面布置"。

但是平面布置不能单纯从适用方面考虑，必须同时考虑到它的结构。房间有大小高低之不同，若完全由适用决定平面布置，势必有无数大小高低不同、参差错落的房间，建造时十分困难，外观必杂乱无章。一般来说，一座建筑物的外墙必须是一条直线（或曲线）或不多的几段直线。里面的隔断墙也必须按为数不太多的几种距离安排；楼上的墙必须砌在楼下的墙上或者一根梁上。这样，平面布置就必然会形成一个棋盘式的网格。即使有些位置上不用墙而用柱，柱的位置也必须像围棋子那样立在网格的"十"字交叉点上——不能让柱子像原始森林中的树那样随便长在任何位置上。这主要是为了确保承托楼板或屋顶的梁的长度保持一致，避免因长短参差不齐导致结构失稳。这叫作"结构网"。

在考虑平面布置的时候，设计人就必须同时考虑到几种最能适应任务需求的房间尺寸的结构网。一方面必须把许多房间都"套进"这结构网的"框框"里；另一方面又要深入细致地从适用的要求以及建筑物外表形象的艺术效果上去选择和安排结构网。适用的考虑主要是对人，而结构的考虑则要在满足适用的大前提下，考虑各种材料技术的客观规律，要尽可能发挥其可能性而巧妙地利用其局限性。

事实上，一位建筑师是不会忘记他也是一位艺术家的"双重身份"的。在全面综合考虑并解决适用、坚固、经济、美观问题的同时，当前三个问题得到圆满解决的初步方案的时候，美观的问题，主要是建筑物的总的轮廓、姿态等问题，也应该基本上得到解决。

当然，一座建筑物的美观问题不仅在它的总轮廓，还有各部分和构件的权衡、比例、尺度、节奏、色彩、质感和装饰等等，犹如一个人除了总的体格身段，还有五官、四肢、皮肤等，对于他的美丑也有极大关系。建筑物的每一细节都应当从艺术的角度仔细推敲，犹如我们注意一个人的眼睛、眉毛、鼻子、嘴、手指、手腕等等。还有脸上是否要抹一点脂粉，眉毛是否要画一画。这一切都是要考虑的。在设计推敲的过程中，建筑师往往用许多外景、内部、全貌、局部、细节的立面图或透视图，素描或者着色，或用模型，作为自己研究推敲，或者向业主说明他的设计意图的手段。

当然，在考虑这一切的同时，在整个构思的过程中，一个社会主义的建筑师还必须时时刻刻绝不离开经济的角度去考虑，除了"多、快、好"，还必须"省"。

一个方案往往是经过若干个不同方案的比较后决定下来的。我们首都的人民大会堂、革命历史博物馆、美术馆等方案就是这样决定的。决定下来之后，还必然要进一步深入分析、研究，经过多次重复修改，才能做最后定案。

方案制订后，下一步就要做技术设计，由不同工种的工程师，首先是建筑师和结构工程师，以及其他各种——采暖、通风、照明、给水排水等设备工程师进行技术设计。在这阶段中，建筑物里里外外的一切，从房屋的本身的高低、大小，每一梁、一柱、一墙、一门、一窗、一梯、一步、一花、一饰，到一切设备，都必须用准确的数字计算出来，画成图样。

恼人的是，各种设备之间以及它们和结构之间往往是充满了矛盾的。许多管道线路往往会在墙壁里面或者顶棚上面"打架"，建筑师就必须会同各工种的工程师做"汇总"综合的工作，正确处理建筑内部矛盾的问题，一直到适用、结构、各种设备本身技术上的要求和它们的作用的充分发挥、施工的便利等方面都各得其所，互相配合，而不是互相妨碍、扯皮。然后绘制施工图。

施工图必须准确，注有详细尺寸。要使工人拿去就可以按图施工。施工图有如乐队的乐谱：有综合的总图，有如"总谱"；也有不同工种的图，有如不同乐器的"分谱"。它们必须协调、配合。详细具体内容就不必多讲了。

设计制图不是建筑师唯一的工作。他还要对一切材料、做法编写详细的"做法说明书"，说明某一部分必须用哪些哪些材料如何如何地做。他还要编订施工进度、施工组织、工料用量等等的初步估算，做出初步估价预算。必须根据这些文件，施工部门才能够做出准确的详细预算。

但是，他的设计工作还没有完。随着工程施工开始，他还需要配合施工进度，经常赶在进度之前，提供各种"详图"（当然，各工种也要及时地制出详图）。这些详图除了各部分的构造细节，还有里里外外大量细节（有时我们称它作"细部"）的艺术处理、艺术加工。有些比较复杂的结构、构造和艺术要求比较高的装饰性细节，还要用模型（有时是"足尺"模型[1]）来作为"详图"的一种形式。

在施工过程中，还可能临时发现设计中或施工中的一些疏忽或偏差导致结构"对不上头"或者"合不上口"的地方，这就需要临时修改设计。请不要见笑，这等窘境并不是完全可以避免的。

除了建筑物本身，周围环境的配合处理，如绿化和装饰性的附属"小建筑"（灯杆、喷泉、条凳、花坛乃至一些小雕像等等）也是建筑师设计范围内的工作。

就一座建筑物来说，设计工作的范围和做法大致就是这样。建筑是一种全民性的，体积最大，形象显著，"寿命"极长的"创作"。谈谈我们的工作方法，也许可以有助于广大的建筑使用者，亦即六亿五千万"业主"更多地了解这一行道，更多地帮助我们，督促我们，鞭策我们。

---

[1] 即 1：1 尺寸的模型。

千姿百态的建筑

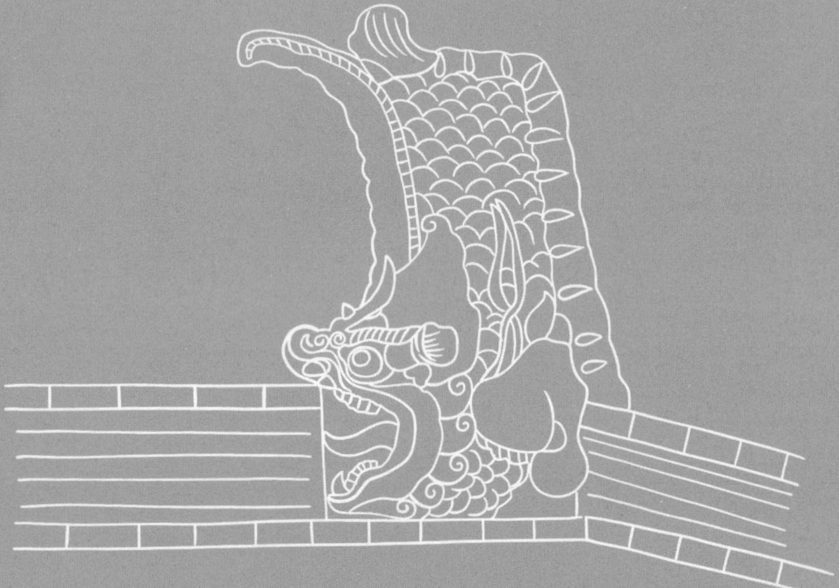

中国早期的佛塔 ①

相传在公元 67 年，天竺高僧迦叶摩腾等来到当时中国的首都洛阳。当时的政府把一个宫署鸿胪（lú）寺，作为他们的招待所。"寺"本是汉朝的一种官署的名称，但是从此以后，它就成为中国佛教寺院的专称了。

按照历史记载，当时的中国皇帝下命令为这些天竺高僧特别建造一些房屋，并且以为他们驮着经卷来中国的白马命名，叫作"白马寺"。到今天，凡是到洛阳的善男信女或是游客，没有不到白马寺去看一看这个中国佛教的苗圃的。

200 年前后，在中国历史上伟大的汉朝已经进入土崩瓦解的历史时期，在长江下游的丹阳郡（今天的南京一带），有一个官吏笮（zé）融，"大起浮屠寺。上累金盘，下为重楼，又堂阁周回，可容三千许人，作黄金涂像，衣以锦彩"（见《后汉书·刘虞公孙瓒陶谦列传》）。这是中国历史的文字记载中比较具体地叙述一个佛寺的最早的文献。

从建筑的角度来看，值得注意的是它的巨大的规模，可

---

① 本文与后面的《最古的遗物——石窟寺》《木构杰作——五台山佛光寺》《木构杰作——独乐寺观音阁》均节选自《中国的佛教建筑》一文。全文原是为信仰佛教的外国读者写的一篇简要历史叙述，将佛教建筑在中国发展的全部过程做了概括性的介绍。

白马寺

以容纳三千多人。更引起我们注意的就是那个上累金盘的重楼。完全可以肯定，所谓"上累金盘"，就是用金属做的刹，它本身就是印度窣堵波（塔）的缩影或模型。所谓"重楼"，就是在汉朝，例如在司马迁的著名《史记》中所提到的汉武帝建造来迎接神仙的，那种多层的木构高楼。

在原来中国的一种宗教用的高楼之上，根据当时从概念上对于印度窣堵波的理解，加上一个刹，最早的中国式的佛塔就这样诞生了。

在 400 年前后，中国的高僧法显到印度去求法，回来写了著名的《佛国记》。在他的《佛国记》里，他也描写了一些印度的著名佛像以及著名的寺塔的建筑。法显从印度回到中国之后，对于中国佛教寺院的建筑，具体产生了什么影响，由于今天已经没有具体的实物存在，我们不知其详，不过可以肯定地说是有一定影响的。

在这个时期，很多中国皇帝都成为佛教的虔诚信徒。在 419 年，晋朝的一个皇帝，按历史记载，铸造了一尊 16 尺[①]高的青铜镀金的佛像，由他亲自送到瓦棺寺。在六世纪前半，有一位皇帝[②]就多次把自己的身体施舍在庙里。

后来唐朝著名的诗人杜牧，在他的一首诗中就有"南朝

[①] 长度单位，1 尺约等于 0.33 米。
[②] 南朝梁武帝萧衍。

"南朝四百八十寺"之首——鸡鸣寺

四百八十寺"这样一个名句。这说明在当时中国的首都建康（今天的南京），佛教建筑的活动是十分活跃的。

与此同时，统治着中国北方的，由北方下来的鲜卑族拓跋氏皇帝，在他们的首都洛阳，也建造了一千三百个佛寺。其中一座著名的佛塔，永宁寺的塔，巨大的木结构，据说有九层高，从地面到刹尖高1000尺，在100里以外就可以看见。虽然这种尺寸肯定是夸大了的，不过它的高度也必然是惊人的。

我们可以说，像永宁寺塔这样的木塔，就是笮融的"上累金盘，下为重楼"那一种塔所发展到的一个极高的阶段。遗憾的是，这种木塔今天在中国已经一个都不存在了。

所幸在日本，还保存下来像奈良法隆寺五重塔那种类型以及一些相当完整的佛寺组群。日本的这些木塔虽然在年代上略晚几十年乃至一两百年，但是由于这种塔型是从中国经由朝鲜传播到日本去的，所以从日本现存的一些飞鸟、白凤时代的木塔上，我们多少可以看到中国南北朝时期木塔的形象。

此外，在敦煌的壁画里，在云冈石窟的浮雕里，以及云冈少数窟内的支提塔里，也可以看见这些形象。用日本的实物和中国这些间接的资料对比，我们可以肯定地说，中国初期的佛塔，大概就是这种结构和形象。

最古的遗物——石窟寺

现在我们设想从西方来的行旅越过了沙漠到了敦煌，从那里开始，我们很快地把中国两千年来的一些主要的佛教史迹游览一下。

敦煌千佛崖的石窟寺，是中国现存最古的佛教文物之一。现存的大约六百个石窟是从 366 年开始到十三世纪将近一千年的长时间中陆续开凿出来的。其中现存的最古的几个石窟是建于五世纪的。这些石窟是以印度阿旃（zhān）陀、加利等石窟为蓝本而模仿建造的。

首先，由于自然条件的限制，敦煌千佛崖没有像印度一些石窟那样坚实的石崖，而是比较松软的砂卵石冲积层，不可能进行细致的雕刻。因此在建筑方面，在开凿出来的石窟里面和外面，必须做木结构的加固和墙壁上的粉刷。墙壁上不能进行浮雕，只能在抹灰的窟壁上画壁画或做少量的泥塑浮雕。因此，敦煌千佛崖的佛像也无例外地是用泥塑的，或者是在开凿出来的粗糙的石胎模上加工塑造的。在这些壁画里，古代的画家给我们留下了许多当时佛教寺塔的形象，也留下了当时人民宗教生活和世俗生活的画谱。

敦煌壁画

其次，在今天山西省大同城外的云冈堡，我们可以看到古老的石窟群。在长约1公里的石崖上，北魏的雕刻家们在短短的五十年间（大约450—500年）开凿了二十余个大小不同的石窟和为数甚多的小壁龛①。其中最大的一座佛像，由于它的巨大的尺寸，不得不在外面建造木结构的窟廊。但是，大多数的石窟却采用了在崖内凿出一间间窟室的形式，其中有些分为内、外两室：前室的外面，就利用山崖的石头刻成窟廊的形式；内室的中部，一般有一个可以绕着行道的塔柱或雕刻着佛像的中心柱。

我们可以从云冈的石窟看到印度石窟这一概念到了中国以后，在形式上已经起了很大的变化。例如印度的支提窟平面都是马蹄形的，内部周围有列柱。但在中国，它的平面都是正方形或长方形的，并用丰富的浮雕代替了印度所用的列柱。印度所用的圆形的窣堵波也被方形的中国式的塔所代替。此外，在浮雕上还刻出了许多当时的中国建筑形象，例如当时各种形式的塔、殿、堂等等。浮雕里所表现的建筑，例如太子出游四门的城门，就完全是中国式的城门了。乃至于佛像、菩萨像的衣饰，尽管雕刻家努力使它符合佛经以及当时印度佛像雕刻的样式，但是不可避免地有许多细节是按

---

① 在墙壁上凿出的空间，通常呈半圆形或长方形，主要用于安置佛像或其他神像。

当时中国的服装来处理的。

值得注意的是，在石窟建筑的处理上和浮雕描绘的建筑上，我们看到了许多从西方传来的装饰母题。例如佛像下的须弥座、卷草、科林斯式的柱头、爱奥尼克的柱头、与希腊的雉尾和箭头极其相似的莲瓣装饰，以及那些联珠璎珞等等，都是中国原有的艺术里面未曾看见过的。这许多装饰母题经过一千多年的吸收、改变、丰富、发展，今天已经完全变成中国的雕饰题材了。

在六世纪前后，北方鲜卑族的拓跋氏统治着北方大部分地区，取得了比较坚固的政治局面，就从山西的大同迁都到河南的洛阳（493年），同时在洛阳城南12公里的伊水边上选择了一片石质坚硬的石灰石山崖，开凿了著名的龙门石窟。

我们推测，在迁都前的五十年间，云冈石窟已经成了北魏首都郊外一个不可缺少的部分，在政治上、宗教上皆有重要的意义。所以在迁都洛阳后，同样的一个石窟，就必须尽快地开凿出来。洛阳的龙门石窟不像大同的云冈石窟那样大量地采用了建筑形式，而是着重于佛像的雕刻。尽管如此，龙门石窟的内部还是有不少的建筑艺术的处理。

此外，我们不得不以愤怒的心情提到，在著名的宾阳洞里，两幅精美绝伦的叫作"帝后礼佛图"的浮雕，已经被近

云冈石窟佛像

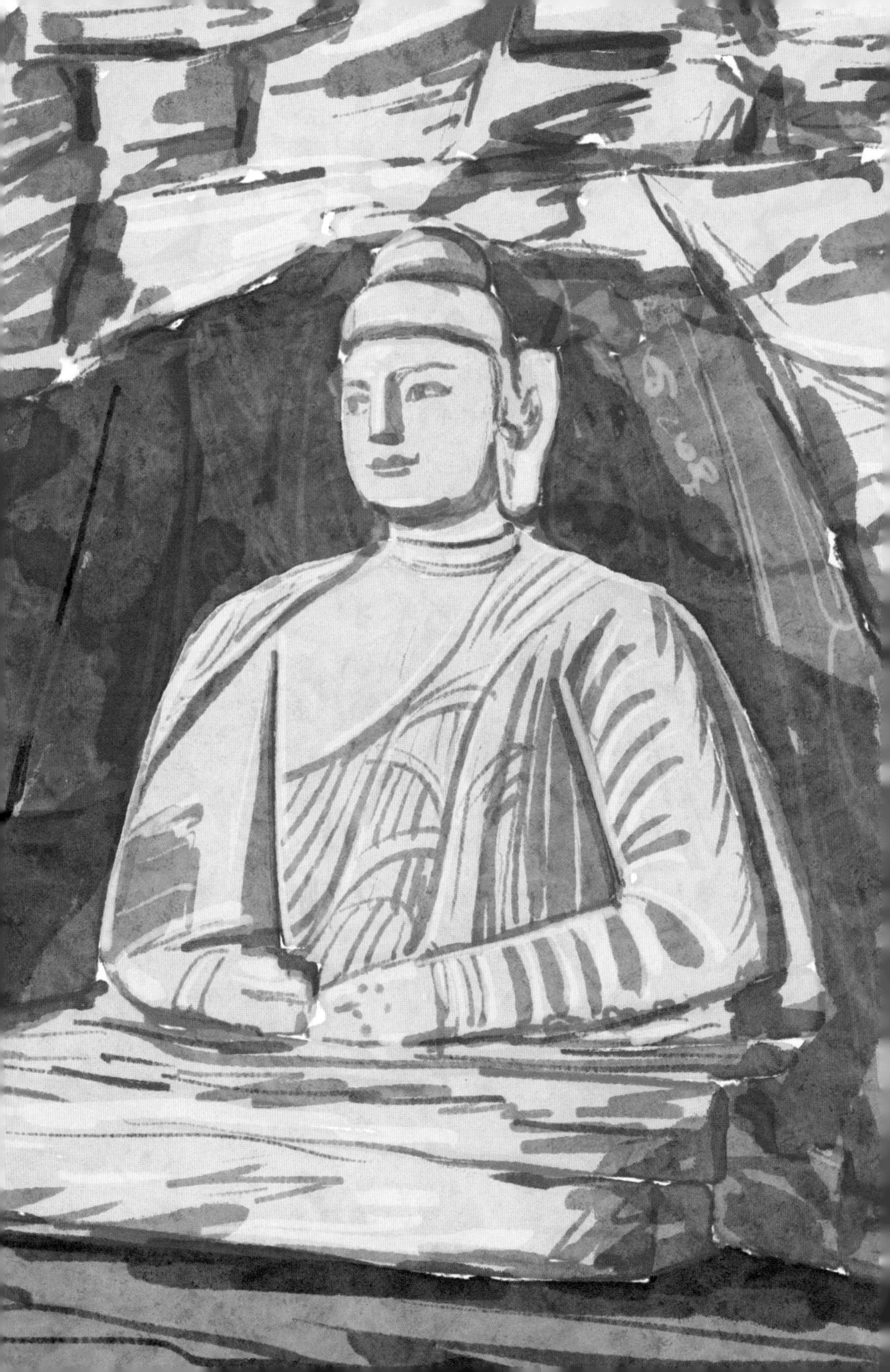

代的万达尔（vandal）①——美国的文化强盗敲成碎块，运到纽约的大都会博物馆里去了。

在河北省邯郸市的响堂山，也有一组六世纪的石窟群。这一组群表现了独特的风格：在这里，我们看到了印度建筑形式和中国建筑形式的一些非常和谐的结合（例如，印度的火焰式的门头装饰在这里大量地使用，印度式的束莲柱也是这里所常见的），也看到了两者的一些不很和谐的结合。

在山西太原附近的天龙山石窟也建于六世纪，在建筑的处理上就完全采用了中国木结构的形式②。

从这些实例看来，我们可以得出这样一个结论：石窟这一概念是从印度来的，可是到了中国以后，逐渐采取了中国广大人民所喜闻乐见的传统形式；同时也吸收了印度和西方的许多母题和艺术的处理手法。

---

① 即文物贩子，原词含义为"文化艺术的破坏者"。
② 云冈石窟是印度建筑形式"中国化"的初步阶段，响堂山石窟则进入了过渡阶段，出现了独特的"融合"模式，而天龙山石窟则展示了从"融合"到"完全中国化"的演进过程。

木构杰作——五台山佛光寺

在中国木结构的佛教建筑中,现在最古的是山西五台山的南禅寺,它是782年建成的。虽然规模不大,但它是中国现存最古的一座木构建筑。

具有重大历史意义的是离南禅寺不远的佛光寺大殿。它是857年建造的,是一座七间的佛殿,一千一百年来还完整地保存着。佛光寺的位置在五台山的西面山坡上,因此这个佛寺的朝向不是中国传统的面朝南的方向,而是向西的。沿着山势,从山门起,一进一进的建筑就着山坡地形逐渐建到山坡上去。大殿就在组群最后也是最高的地点。

据历史记载,九世纪初期在它的地点上,曾经建造了一座三层七间的弥勒大阁,高95尺,里边有佛、菩萨、天王像七十二尊。但是在845年,佛教和道教在宫廷里斗争,道教获胜,当时的皇帝下诏毁坏全国所有的佛教寺院,并且强迫数以几十万计的僧尼还俗。这座弥勒大阁在建成后仅仅三十多年,就在这样一次宗教政治斗争中被毁坏了。

这个皇帝死了以后,他的皇叔,一个虔诚的佛教徒登位了,立即下诏废除禁止佛教的命令;许多被毁的佛教寺院,

佛光寺

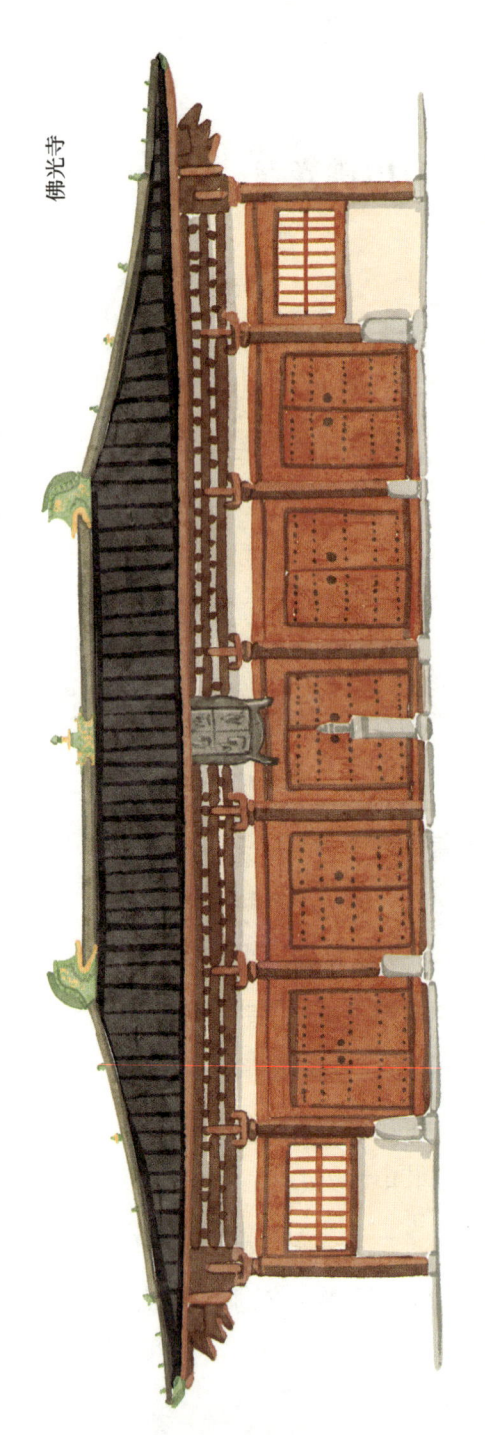

又重新建立起来。现存的佛光寺大殿，就是在这样的历史条件下重建的。但是它已经不是一座三层的大阁，而仅仅是一层的佛殿了。

这个殿是当时在长安的一个妇人为了纪念在三十年前被杀掉的一个太监而建造的。这个妇人和太监的名字都写在大殿大梁的下面和大殿面前的一座经幢上。这些历史事实再一次说明宗教建筑也是和当时的政治经济的发展分不开的。

在这一座建筑中，我们看到了从古代发展下来已经到了艺术上、技术上高度成熟的一座木建筑。

在这座建筑中，大量采用了中国传统的斗拱结构，充分发挥了这个结构部分的高度装饰性而取得了结构与装饰的统一。在内部，所有的大梁都是微微拱起的，中国所称作月梁的形式。这样微微拱起的梁既符合力学荷载的要求，再加上些少的艺术加工，就呈现了极其优美柔和而有力的形式。

在这座殿里，同时还保存下来九世纪中叶的三十几尊佛像、同时期的墨迹以及一小幅壁画，再加上佛殿建筑本身，唐朝的四种艺术就集中在这一座佛寺中保存下来。应该说，它是中国建筑遗产中最可珍贵的无价之宝。

遗憾的是，佛光寺的组群已经不是唐朝九世纪原来的组群了。现在在大殿后还存在着一座五世纪的六角小砖塔；大殿的前右方，在山坡较低的地方，还存在着一座十二世纪的文殊殿。此外，佛光寺仅存的其他少数建筑都是十九世纪以后重建的，都是些规模既小，质量又不高的房屋，都是和尚居住和杂用的房屋。现在中华人民共和国文化部[①]已经公布佛光寺作为中国古代木建筑中第一批国家保护的重要的文物之一。中华人民共和国成立以来，人民政府已经对这座大殿进行了妥善的修缮。

---

① 现为文化和旅游部。

木构杰作——独乐寺观音阁

按照年代的顺序来说,第三古老的木建筑就是北京正东约 90 公里的蓟县的独乐寺。在这个组群里现在还保存着两座建筑:前面是一道结构精巧的山门,山门之内就是一座高大巍峨的观音阁。这两座建筑都是 984 年建造的。

观音阁是一座外表两层实际三层的木结构。它是环绕着一尊高约 16 米的十一面观音的泥塑像建造起来的。

因此,二层和三层的楼板,中央部分都留出一个空井,让这尊高大的塑像,由地面层穿过上面两层,竖立在当中。这样在第二层,瞻拜者就可以达到观音下垂的左手的高度;到第三层,他们就可以站在菩萨胸部的高度,抬起头来瞻仰观音菩萨慈祥的面孔和举起的右手,令人感到这一尊巨像,尽管那样大,可是十分亲切。同时从地面上通过两层的楼井向上看,观音的像又是那样高大雄伟。在这一点上,当时的匠师在处理瞻拜者和菩萨像的关系上,应该说是非常成功的。

在结构上,这座三层大阁灵巧地运用了中国传统木结构的方法,那就是木材框架结构的方法,把一层层的框架叠加

观音阁

上去。第一层的框架，运用它的斗拱，构成了下层的屋檐，中层的斗拱构成了上层的平座（挑台），上层的斗拱构成了整座建筑的上檐。在结构方法上，基本上就是把佛光寺大殿的框架三层重叠起来。在艺术风格上，也保持了唐朝那一种雄厚的风格。

在十八世纪时，这个寺被当时的皇帝用作行宫，作为他长途旅行时休息之用。因此，原来的组群已经经过大规模的改建，所余的只有山门和观音阁两处古建筑了。

中国的塔

中国的建筑遗产中，最豪华的、最庄严美丽的、最智慧的创造，总是宫殿和庙宇。欧洲建筑遗产的精华也全是些宫殿和教堂。

在一个城市中，宫殿的美是可望而不可即的，而庙宇寺院的美，人民大众都可以欣赏和享受。在寺院建筑中，佛塔是给人民群众以深刻的印象的。它是多层的高耸入云的建筑物，全城的人在遥远的地方就可以看见它。它是最能引起人们对家乡和祖国的情感的。佛教进入中国以后，这种新的建筑形式在中国固有的建筑形式的基础上产生而且发展了。

在佛教未到中国时，我们的国土上已经有过一种高耸的多层建筑物，就是汉代的"重楼"。秦汉的封建主常常有追求长生不老和会见神仙的思想；幻想仙人总在云雾缥缈的高处，有"仙人好楼居"的说法，因此建造高楼，企图引诱仙人下降。

佛教初来的时候，带来了印度"窣堵波"的概念和形象——底座上覆放着半圆形的塔身，上立一根"刹"杆，穿着几层"金盘"。后来这个名称首先失去了"窣"字,"堵波"变成"塔婆",最后省去"婆"字而简称为"塔"。中国后代的塔,就是在重楼的顶上安上一个"窣堵波"而形成的。

单层塔

云冈的浮雕中有许多方形单层的塔,可能就是中国形式的"窣堵波":半圆形的塔身改用了单层方形出檐,上起方锥形或半圆球形屋顶的形状。山东济南东魏所建的神通寺的"四门塔"就是这类"单层塔"的优秀典型。

四门塔

四门塔建于544年①，是中国现存的第二古塔，也是最古的石塔。这时期的佛塔最通常的是木构重楼式的，今天已没有存在的了。但是云冈石窟壁上有不少浮雕的这种类型的塔，在日本还有飞鸟时代（中国隋朝）的同型实物存在。

中国传统的方形平面与印度窣堵波的圆形平面是有距离的。中国木结构的形式又是难以做成圆形平面的。所以唐代的匠师就创造性地采用了介乎正方形与圆形之间的八角形平面。单层八角的木塔见于敦煌壁画，日本也有实物存在。

河南嵩山会善寺的净藏禅师墓塔是这种仿木结构八角砖塔的最重要的遗物。净藏禅师墓塔是一座不大的单层八角砖塔，746年（唐玄宗时）建。这座塔上更忠实地砌出木结构的形象，因此就更充满中国建筑的亲切气息。

在中国建筑史中，净藏禅师墓塔是最早的一座八角塔。在它出现以前，除去一座十二角形和一座六角形的两个特例之外，所有的塔都是正方形的。在它出现以后约两百年，八角形便成为佛塔最常见的平面形式。所以它的出现在中国建筑史中标志着一个重要的转变。此外，它也是第一座用须弥

---

① 四门塔始建于何年，并无文献记载。但塔内保存的造像记中，有一则记载了东魏武定二年（544年）杨显叔造像的活动，故当时的研究者据此推测四门塔可能始建于544年。1972年，文物部门在对四门塔塔身进行大规模翻修时，发现塔顶内有"大业七年（611年）造"的刻字，确定塔的始建年代为隋代。它是中国现存唯一的隋代石塔，也是中国现存最早、保存最完整的单层亭阁式佛塔，为中国早期石质建筑之典范，有"中国第一石塔""华夏第一石塔"之美名。

座做台基的塔。它的"人"字形的补间斗拱（两个柱头上的斗拱之间的斗拱），则是现存建筑中这种构件的唯一实例。

❖ 重楼式塔 ❖

初期的单层塔全是方形的。这种单层塔几层重叠起来，向上逐层逐渐缩小，形象就比较接近中国原有的"重楼"了，所以可称之为"重楼式"的砖石塔。

西安大雁塔是唐代这类砖塔的典型。它的平面是正方的，塔身一层层地上去，好像是许多单层方屋堆起来的，看起来很老实，是一种淳朴平稳的风格，同我们所熟识的时代较晚的窈窕秀丽的风格很不同。

这塔有一个前身。玄奘从印度取经回来后，在长安慈恩寺从事翻译，译完之后，在652年盖了一座塔，作为他藏经的"图书馆"。我们可以推想，它的式样多少是仿印度建筑的，在那时是个新尝试。动工的时候，据说这位老和尚亲身背了一筐土，绕行基址一周行奠基礼。可是盖成以后不久，不晓得什么原因就坏了。

701到704年间又修起这座塔，到现在有一千二百五十年了[①]。在塔各层的表面上，用很细致的手法把砖石处理成

[①] 大雁塔建成后，历经多次改建。1604年，大雁塔经最后一次维修加固后，即为我们今天所看到的样貌。

大雁塔

木结构的样子。例如用砖砌出扁柱，柱身很细，柱头之间也砌出额枋，在柱头上用一个斗托住，但是上面却用一层层的砖逐层挑出（叫作"叠涩"），用以代替瓦檐。

建筑史学家们很重视这座塔。自从佛法传入中国，建筑思想上也随着受了印度的影响。玄奘到印度取了经回来，把印度文化进一步介绍到中国，他盖了这座塔，为中国和印度古代文化交流树立了一座庄严的纪念物。从国际主义和文化交流历史方面看，它是个非常重要的建筑物。

属于这类型的另一例子，是西安兴教寺的玄奘塔。玄奘死了以后，就埋在这里；这塔是墓的标志。这塔的最下一层是光素的砖墙，上面有用砖刻出的比大雁塔上更复杂的斗拱，所谓"一斗三升"的斗拱。中间一部分伸出如蚂蚱头。

资产阶级的建筑理论认为建筑的式样完全取决于材料，因此在钢筋水泥的时代，建筑的外形就必须是光秃秃的玻璃匣子式，任何装饰和民族风格都不必有。但是为什么我们古代的匠师偏要用砖石做成木结构的形状呢？

因为几千年来，我们的祖先从木结构上已接受了这种特殊建筑构件的形式，承认了它们的应用在建筑上所产生的形象能表达一定的情感内容。他们接受了这种形式的现实，因为这种形式是人民所喜闻乐见的。因此当新的类型的建筑物创造出来时，他们认为创造性地沿用这种传统形式，使人民能够接受，易于理解，最能表达建筑物的庄严壮丽。

这座塔建于669年，是现存最古的一座用砖砌出木结构形式的建筑。它告诉我们，在那时候，智慧的劳动人民的创造方法是现实主义的，不脱离人民艺术传统的。

河北定县[1]开元寺的料敌塔也属于"重楼式"的类型，平面是八角形的，轮廓线很柔和，墙面不砌出模仿木结构形式的柱枋等。这塔建于1001年。它是北宋砖塔中重楼式不仿木结构形式的最典型的例子。这种类型在华北各地很多。

河南开封祐国寺的"铁塔"建于1049年，也属于"重楼式"的类型。它之所以被称为"铁塔"，是因为它的表面全部用"铁色琉璃"做面砖。[2] 我们所要特别注意的就是在宋朝初年初次出现了使用特制面砖的塔，如977年[3]建造的开封南门外的"繁（pó）塔"和这座"铁塔"。

而"铁塔"所用的是琉璃砖，说明一种新材料之出现和应用。这是一个智慧的创造，重要的发明。它不仅显示材料、技术上具有重大意义的进步，而且因此使建筑物显得更加光彩，更加丰富了。

---

[1] 今定州市。
[2] 喻皓所建的开宝寺塔被毁（见第52页）后，宋仁宗下令重建此塔，并改用琉璃砖建造，即今天的"铁塔"。开宝寺在明代被称为祐国寺，今天已不复存在。
[3] 一说974年。

重楼式中另一类型是杭州灵隐寺的双石塔,它们是五代吴越王钱弘俶(chù)在 960 年扩建灵隐寺时建立的。在外表形式上它们是完全仿木结构的,处理手法非常细致,技术很高。实际上这两"塔"仅高 10 米左右,实心,用石雕成,应该更适当地叫它们作塔形的石幢。在这类型的塔出现以前,砖石塔的造型是比较局限于砖石材料的成规做法的。这塔的匠师大胆地用石料进一步忠实地表现了人民所喜爱的木结构形式,使佛塔的造型更丰富起来了。

完全仿木结构形式的砖塔在北方的典型是河北涿县[①]的双塔。两座塔都是砖石建筑物,其一建于 1090 年(辽道宗时)[②]。在表面处理上则完全模仿应县木塔的样式,只是出檐的深度因为受材料的限制,不能像木塔的檐那样伸出很远;檐下的斗拱则几乎同木构完全一样,但是挑出稍少。全塔表现了砖石结构的形象,表示当时的砖石工匠怎样纯熟地掌握了技术。

❧ 密檐塔 ❧

另一类型是在较高的塔身上出层层的密檐,可以叫它作"密檐塔"。它的最早的实例是河南嵩山嵩岳寺塔。这塔是

[①] 今涿州市。
[②] 一说双塔中的南塔(智度寺塔)始建于 1031 年,北塔(云居寺塔)始建于 1092 年。

嵩岳寺塔

520年[①]（南北朝时期）建造的，是中国最古的佛塔。这塔一共有十五层，平面是十二角形，每角用砖砌出一根柱子。柱子采用印度的样式，柱头柱脚都用莲花装饰。整个塔的轮廓是抛物线形的。每层檐都是简单的"叠涩"，可是每层檐下的曲面也都是抛物线形的。这是我们中国古来就喜欢采用的曲线，是我国建筑中的优良传统。

这塔不唯是中国现存最古的佛塔，而且在这塔以前，我们还没有见过砖造的地上建筑，更没有见过约40米高的砖石建筑。这座塔的出现标志着这时期在用砖技术上的突进。

和这塔同一类型的是北京城外的天宁寺塔。它是1119—1120年（辽）建造的。从层次安排的"韵律"看来，它与嵩岳寺塔几乎完全相同，但因平面是八角形的，而且塔身砌出柱枋，檐下用砖做成斗拱，塔座做成双层须弥座，所以它的造型的总效果就与嵩岳寺塔迥然异趣了。

这类型的塔至十二世纪才出现，它无疑是受到南方仿木结构塔的影响的新创造。这种特殊形式的密檐塔，较早的都在河北省中部以北，以至东北各省。当时的契丹族的统治者因为自己缺少建筑匠师，所以"择良工于燕蓟"（汉族工匠）进行建造。这种塔型显然是汉族的工匠在那种情况之下，为

[①] 也有部分史料记载，该塔建于520—525年之间。

了满足契丹族统治阶级的需求而创造出来的新类型。它是两个民族的智慧的结晶。这类型的塔丰富了中国建筑的类型。

属于密檐塔的另一实例是洛阳的白马寺塔,是1175年(金)的建筑物。这塔的平面是正方形的;在整体比例上第一层塔身比较矮,而以上各层檐的密度较疏。塔身之下有高大的台基,与前面所谈的两座密檐塔都有不同的风格。在十二世纪后半,八角形已成为佛塔最常见的平面形式,隋唐以前常见的正方形平面反成为稀有的形式了。

❖ 瓶形塔 ❖

另一类型的塔,是以元世祖忽必烈在1279年修成的北京妙应寺(白塔寺)的塔为代表的"瓶形塔"或喇嘛塔。元朝蒙古人把喇嘛教从西藏经由新疆带入了中原,同时也带来了这种类型的塔。这座塔是最古的喇嘛塔之一,在修盖的当时是一个陌生的外来类型,但是它后来的"子孙"很多,如北京北海的白塔,就是一个较近的例子。

这种塔下面是很大的须弥座,座上是覆钵形的"金刚圈",再上是坛子形的塔身,称为"塔肚子",上面是称为"塔脖子"的须弥座,更上是圆锥形或近似圆柱形的"十三天"和它顶上的宝盖、宝珠等。这种建筑形式是西藏的类型,而且是蒙古族介绍到中原地区来的,因此它是蒙、藏两

妙应寺白塔

族对中国建筑的贡献。

❖ 台座上的塔群 ❖

北京真觉寺（五塔寺）的金刚宝座塔是中国佛塔的又一类型。这类型是在一个很大的台座上立五座乃至七座塔，成为一个完整的塔群。真觉寺塔下面的金刚宝座很大，表面上共分为五层楼，下面还有一层须弥座。每层上面都用柱子做成佛龛。

这塔型是从印度传入的。我们所知道最古的一例在云南昆明，但最精的代表作则应举出北京真觉寺塔。它是1473年（明代）建造的，比昆明的塔稍迟几年。北京西山碧云寺的金刚宝座塔是清乾隆年间所建，座上共立七座塔，虽然在组成上丰富了一些，但在整体布置上和装饰上都不如真觉寺塔的朴实雄伟。

石桥——赵州桥

中国有成千成万的桥梁,在无数的河流上,便利了广大人民的交通,或者给予多少人精神上的愉悦,有许多桥在中国的历史上有着深刻的意义。长安(今西安)的灞桥,北京的卢沟桥,就是卓越的例子。但从工程的技术上说,最伟大

赵州桥

的应是北方无人不晓的赵州桥。如民间歌剧《小放牛》里的男角色问女角色"赵州桥，什么人修？"，绝不是偶然的。它的工程技巧实在太惊人了。

这座桥是跨在河北赵县洨（xiáo）水上的。跨长 37 米有余，是一个单孔券桥。在中国古代的桥梁中，这是最大的一个弧券。然而它的伟大不仅在跨度之大，而在大券两端，各背着两个小券的做法。这个措置减少了洪水时桥身对水流

的阻碍面积，减少了大券上的荷载，是聪明无比的创举。这种做法在欧洲到 1912 年才初次出现，然而隋朝的匠人李春却在一千三百多年前就建造了这样一座桥。

　　这桥屹立到今天，仍然继续便利着来往的行人和车马。桥上原有唐代的碑文，特别赞扬"隋匠李春""两涯嵌四穴"的智巧；桥身小券内面，还有无数宋金元明以来的铭刻，记载着历代人民对它的敬佩。李春两个字是中国工程史上永远不会埋没的名字，每一位桥梁工程师都应向这位一千三百年前伟大的天才工程师看齐！

竹索桥——安澜桥

铁索桥，竹索桥，这些都是西南各省最熟悉的名称。在工程史中，索桥又是我们的祖先对于人类文化史的一个伟大贡献。

铁链是我们的祖先发明的，他们的智慧把一种硬直顽固的天然材料改变成了柔软如意的工具。这个伟大的发明，很早就被应用来联系河流的阻隔，创造了索桥。除了用铁，我们还就地取材，用竹索作为索桥的材料。

在四川灌县，与著名的水利工程都江堰同样著名，而且在同一地点上的，就是竹索桥（安澜桥）。在宽320余米的岷江面上，它像一根线那样，把两面的人民联系着，使他们融合成一片。

在激湍的江流中，勇敢智慧的工匠们先立下若干座木架。在江的两岸，各建桥楼一座，楼内满装巨大的石卵。在两楼之间，经过木架上面，并列牵引十条用许多竹篾编成的粗巨的竹索，竹索上面铺板，成为行走的桥面。桥面两旁也用竹索做成栏杆。

西南的索桥多数用铁，而这座索桥却用竹。显而易见，

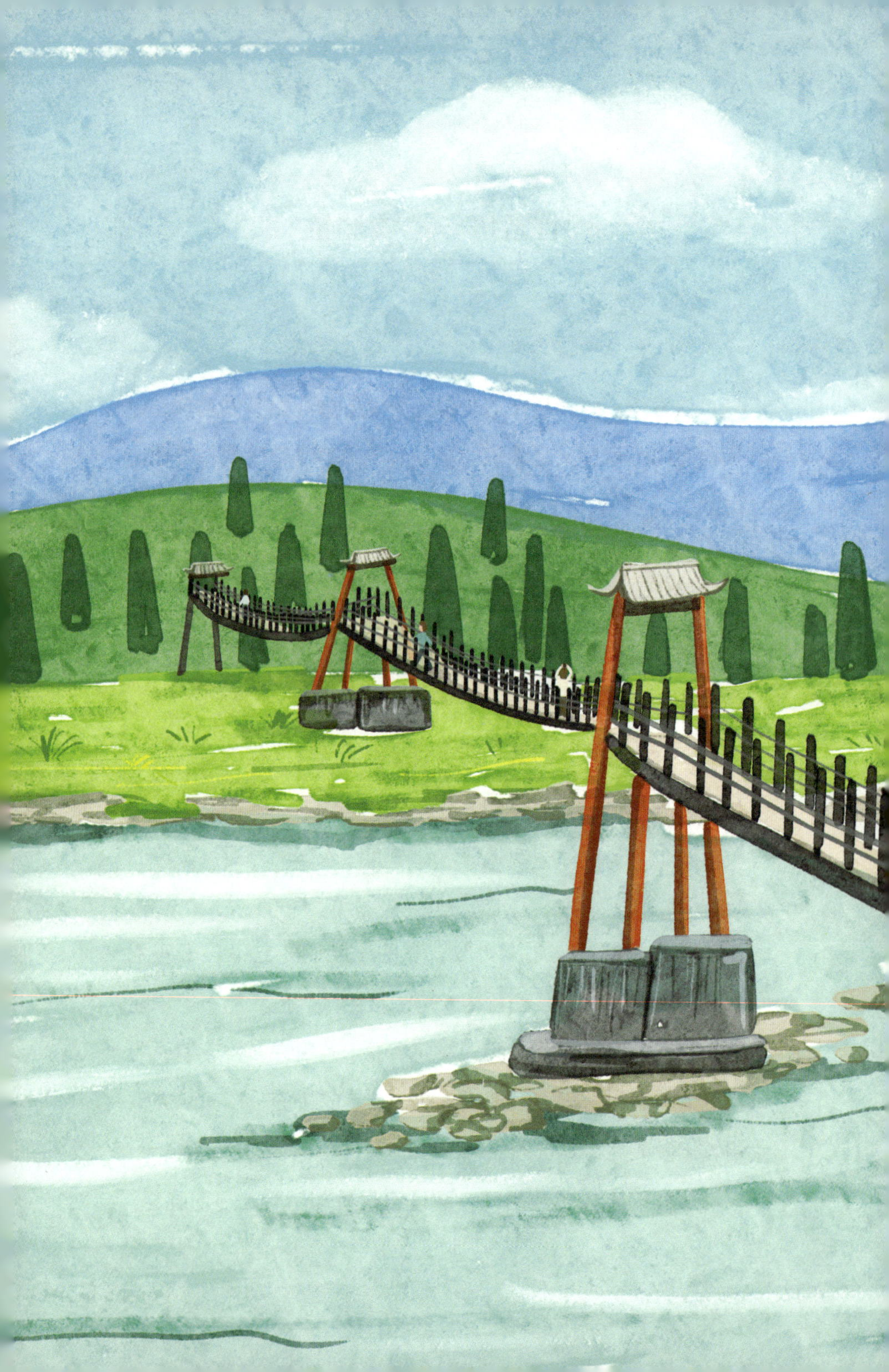

安澜桥

因为它巨大的长度，铁索的重量和数量都成了问题，而竹是当地取不尽，用不竭，而又具有极强的张力的材料，重量又是极轻的。在这一点上，又一次证明了中国工匠善于取材的伟大智慧。

曲阜孔庙

也许在人类历史中，从来没有一个知识分子像中国的孔丘（公元前551—前479年）那样长期地受到一个朝代接着一个朝代的封建统治阶级的尊崇。他认为"一只鸟能够挑选一棵树，而树不能挑选过往的鸟"，所以周游列国，想找一位能重用他的封建主来实现他的政治理想，但始终不得志。

事实上，"树"能挑选鸟，却没有一棵"树"肯要这只姓孔名丘的"鸟"。他有时在旅途中绝了粮，有时狼狈到"累累若丧家之狗"，最后只得叹气说："吾道不行矣！"但是为了"自见于后世"[1]，他晚年坐下来写了一部《春秋》。也许他自己也没想到，他"自见于后世"的愿望达到了。正如汉朝的大史学家司马迁所说："《春秋》之义行，则天下乱臣贼子惧焉。"所以从汉朝起，历代的统治者都将"圣人之道"奉为治国之道。

尽管孔子生前是一个不得志的"布衣"，死后他的思想却统治了中国两千年。他的"社会地位"也逐步上升，到

---

[1] 出自《史记·孔子世家》，全句为"吾道不行矣，吾何以自见于后世哉？"。大意是：我的主张无法得到实施，我该怎么让后世的人了解我的思想呢？

了唐朝就已被称为"文宣王",连他的后代子孙也靠了他的"余荫",在汉朝就被封为"褒成侯",后代又升一级做"衍圣公"。两千年世袭的贵族,也算是历史上仅有的怪现象了。这一切也都在孔庙建筑中反映出来。

今天全中国每一个过去的省城、府城、县城,都必然还有一座规模宏大、红墙黄瓦的孔庙,而其中最大的一座,就在孔子的家乡——山东省曲阜,规模比首都北京的孔庙还大得多。在庙的东边,还有一座由大小几十个院子组成的"衍圣公府"。曲阜城北还有一片占地几百亩、树木葱郁、丛林茂密的孔家墓地——孔林。孔子以及他的七十几代嫡长子孙都埋葬在这里。

现在的孔庙是由孔子的小小的旧宅"发展"出来的。他死后,他的学生就把他的遗物——衣、冠、琴、车、书——保存在他的故居,作为"庙"。汉高祖刘邦就曾经在过曲阜时杀了一头牛祭祀孔子。西汉末年,孔子的后代受封为"褒成侯",还领到封地来奉祀孔子。到东汉末桓帝时(153年),第一次由朝廷为孔子建了庙。随着朝代岁月的递移,到了宋朝,孔庙就已发展成三百多间房的巨型庙宇。

历代以来,孔庙曾经多次受到兵灾或雷火的破坏,但是统治者总是把它恢复重建起来,而且规模越来越大。到了明朝中叶(十六世纪初),孔庙在一次兵灾中毁了之后,统治者不但重建了庙堂，而且为了保护孔庙，干脆废弃了原在庙东的县城，而围绕着孔庙另建新城——"移县就庙"。在这个曲阜县城里，孔庙正门紧挨着县城南门，庙的后墙就是县城北部，由南到北几乎把县城分割成为互相隔绝的东西两半。这就是今天的曲阜，孔庙的规模基本上是那时重建后留下来的。

自从萧何给汉高祖营建壮丽的未央宫，"以重天子之威"以后，统治阶级就学会了用建筑物来做政治工具。因为"夫子之道"是可以利用来维护封建制度的最有用的思想武器，所以每一个新的王朝在建国之初，都必然隆重祭孔，大修庙堂，以阐"文治"；在朝代衰末的时候，也常常重修孔庙，企图宣扬"圣教"，扶危救亡。1935年，国民政府就是企图这样做的最后一个，当然，蒋介石的"尊孔"，并不能阻止中国人民的解放运动；当时的重修计划，也只是一纸空文而已。

由于封建统治阶级对于孔子的重视，连孔子的子孙也沾了光，除了庙东那座院落重重、花园幽深的"衍圣公府"外，中华人民共和国成立前，在县境内还有大量的"祀田"，历代的"衍圣公"，也就成了一代一代的恶霸地主。曲阜县知县也必须是孔氏族人，而且必须由"衍圣公"推荐，"朝廷"才能任命。

除了孔庙的"发展"过程是一部很有意思的"历史记

录"外，现存的建筑物也可以看作中国近八百年来的"建筑标本陈列馆"。这个"陈列馆"一共占地将近10公顷①，前后共有八"进"庭院，殿、堂、廊、庑，共六百二十余间，其中最古的是金朝（1195年）的一座碑亭，以后元、明、清、民国各朝代的建筑都有。

孔庙的八"进"庭院中，前面（南面）三"进"庭院都是柏树林，每一进都有墙垣环绕，正中是穿过柏树林和重重的牌坊、门道的甬道。第三进以北才开始布置建筑物。这一部分用四个角楼标示出来，略似北京紫禁城，但具体而微②。在中线上的是主要建筑组群，由奎文阁、大成门、大成殿、寝殿、圣迹殿和大成殿两侧的东庑与西庑组成。大成殿一组也用四个角楼标示着，略似北京故宫前三殿一组的意思。在中线组群两侧，东面是崇圣祠、诗礼堂一组，西面是金丝堂、启圣王殿一组。大成门之南，左右有碑亭十余座。此外还有些次要的组群。

奎文阁是一座两层楼的大阁，是孔庙的藏书楼，明朝弘治十七年（1504年）所重建。在它南面的中线上的几道门也大多是同年所建。大成殿一组，除杏坛和圣迹殿是明代建筑

---

① 地积单位，1公顷等于1万平方米。
② 形容事物的内容大体具备，不过规模、形状要小一些。

外，全是清雍正年间建造的。

今天到曲阜去参观孔庙的人，若由南面正门进去，在穿过了苍翠的古柏林和一系列的门堂之后，首先引起他兴趣的大概会是奎文阁前的同文门。这座门不大，也不开在什么围墙上，而是单独地立在奎文阁前面。它引人注意的不是它的石柱和四百五十多年的高龄，而是门内保存的许多汉魏碑石。其中如史晨、孔宙、张猛龙等碑，是老一辈临过碑帖练习书法的人所熟悉的。现在，人民政府又把散弃在附近地区的一些汉画像石集中到这里。原来在庙西瞾相圃（校阅射御的地方）的两个汉刻石人像也移到庙园内，立在一座新建的亭子里。今天的孔庙已经具备了一个小型汉代雕刻陈列馆的条件了。

奎文阁虽说是藏书楼，但过去是否真正藏过书，很成疑问。它是大成殿主要组群前面"序曲"的高峰，高大仅次于大成殿；下层四周回廊全部用石柱，是一座很雄伟的建筑物。

大成殿正中供奉孔子像，两侧配祀颜回、曾参、孟轲等"四配十二哲"。它是一座双层瓦檐的大殿，建立在双层白石台基上，是孔庙最主要的建筑物，重建于清初雍正年间雷火焚毁之后，1730年落成。这座殿最引人注意的是它前廊的十根精雕蟠龙石柱。每根柱上雕出"双龙戏珠"。"降龙"由上蟠下来，头向上；"升龙"由下蟠上去，头向下。中间雕出宝珠，还有云焰环绕衬托。柱脚刻出石山，下面莲瓣柱础承托。这些蟠龙不是一般的浮雕，而是附在柱身上的圆雕[1]。它在阳光闪烁下栩栩如生，是建筑与雕刻相辅相成的杰出的范例。大成门正中一对柱子也用了同样的手法。殿两侧和后面的柱子是八角形石柱，也有精美的浅浮雕[2]。相传大成殿原来的位置在现在殿前杏坛所在的地方，是1018年宋真宗时移建的。现存台基的"御路"雕刻是明代的遗物。

杏坛的位置在大成殿前庭院正中，是一座亭子，相传是孔子讲学的地方。现存的建筑也是明弘治十七年所建，显然是清雍正年间经雷火灾后幸存下来的。大成殿后的寝殿是孔子夫人的殿。再后面的圣迹殿，明末万历年间（1592年）创建，现存的仍是原物，中有孔子周游列国的画石一百二十幅，其中有些出于名家手笔。

大成门前的十几座碑亭是金元以来各时

---

[1] 又称"立雕"，雕塑表现手法。在立体物上雕出不附在任何背景上，可以各种角度观赏的立体形象。

[2] 与高浮雕相对应的一种浮雕技法，所雕刻的图案和花纹浅浅地凸出底面。这种技法流行于清代晚期，在刻字等方面尤为常见。

杏坛

代的遗物，其中最古的已有七百七十多年的历史。孔庙现存的大量碑石中，比较特殊的是元朝的蒙汉文对照的碑和一块明初洪武年间的语体文①碑，都是语文史中可贵的资料。

1959年，人民政府对这个辉煌的建筑组群进行修葺。这次重修，本质上不同于历史上的任何一次重修：过去是为了维护和挽救政权，而今天则是我们对于历史人物和对于具有历史艺术价值的文物给予的评定和保护。7月间，我来到了阔别二十四年的孔庙，看到工程已经顺利开始，工人的劳动热情都很高。特别引人注意的，是彩画工人中有些年轻的姑娘，高高地在檐下做油饰彩画工作，这是坚决主张重男轻女的孔丘所梦想不到的。

过去的"衍圣公府"已经成为人民的文物保管委员会办公的地方，科学研究人员正在整理、研究"府"中存下的历代档案，不久即可开放。

更令人兴奋的是，我上次来时，曲阜是一个颓垣败壁、秽垢不堪的落后县城，街上看到的，全是衣着褴褛、愁容满面的饥寒交迫的人。今天的曲阜，不但市容十分整洁，连人也变了，往来于街头巷尾的不论是胸佩校徽、迈着矫健步伐

---

① 即白话文。

的学生，或是连唱带笑、蹦蹦跳跳的红领巾，以及徐步安详的老人……都穿得干净齐整。

城外农村里，也是一片繁荣景象，男的都穿着洁白的衬衫，青年妇女都穿着印花布的衣服，在麦粒堆积如山的晒场上愉快地劳动。

山西民居

❧ 门楼 ❧

　　山西的村落无论大小，很少没有一个门楼的。村落的四周，并不一定都有围墙，但是在大道入村处，必须建一座这种纪念性建筑物，提醒旅客，告诉他又到一处村镇了。河北境内虽也有这种布局，但究竟不如山西普遍。

　　山西民居的建筑也非常复杂，由最简单的穴居到村庄里深邃富丽的财主住宅院落，到城市中紧凑细致的讲究房子，颇有许多特殊之点值得注意。但限于篇幅，只能略举一二，详细分类研究，只能等待以后的机会了。

❧ 穴居 ❧

　　穴居之风，盛行于黄河流域，散见于河南、山西、陕西、甘肃诸省，龙非了先生在《穴居杂考》一文中，已讨论得极为详尽。这次在山西随处得见；穴内冬暖夏凉，住居颇为舒适，但空气不流通，是一个极大的缺憾。穴窑均作抛物线形，内部有装饰极精者，窑壁抹灰，乃至用油漆护墙。窑内除火坑外，更有衣橱桌椅等家具。穴窑时常据在削壁之旁，成一幅雄壮的风景画，或有穴门权衡优美纯净，可在建筑术中称上品的。

❧ 砖窑 ❧

这并非北平[1]所谓烧砖的窑炉，乃是指用砖砌成拱券结构的窑洞。虽没有向深处研究，我们若说砖窑是用砖来模仿崖旁的土窑，当不至于大错。这是因住惯了穴居的人，要脱去土窑的短处，如潮湿、土陷的危险等，而保存其长处，如卓越的隔热性能等，所以用砖砌成窑形，三眼或五眼，内部可以互通。为要抵消券的推力，故在两旁须用极厚的墙墩；为要使券顶坚固，故须用土做撞券。这种极厚的墙壁，自然有极佳的隔热效果。

这种窑券顶上，均用砖墁平，在秋收的时候，可以用作曝晒粮食的露台，或防匪时村中的临时城楼，因各家窑顶多相连，为便于升上窑顶，所以窑旁均有阶级可登。山西的民居，无论贫富，什九[2]以上都有砖窑或土窑，乃至在寺庙建筑中，往往也用这种做法。在赵城至霍山途中，适过[3]一所建筑中的砖窑，颇有趣味。

---

[1] 北京旧称，1928—1949年使用。
[2] 十分之九。
[3] 恰好经过。

山西砖窑

在这里我们要特别介绍在霍山某民居门上所见的木版印门神,那种简洁刚劲的笔法,是匠画中所绝无仅有的。

❖ 磨坊 ❖

磨坊虽不是一种普通的民居,但是住着却别有风味。磨坊利用急流的溪水做发动力,所以必须引水入室下,推动机轮,然后再循着水道出去流入山溪。因磨粉机不息地震动,所以房子不能用发券,而用特别粗大的梁架。因求面粉洁净,坊内均铺光润的地板。凡此种种,都使得磨坊成一种极舒适凉爽,又富有雅趣的住处,尤其是峪道河深山深溪之间,世外桃源里,难怪被人看中作消夏最合宜的别墅。

由全部的布局上看来,山西的村野的民居,最善利用地势,就山崖的峻缓高下,层层叠叠,自然成画!使建筑在它所在的地上,如同自然由地里长出来,权衡适宜,不带丝毫勉强,无意中得到建筑术上极难得的优点。

❖ 农庄内民居 ❖

就是在很小的村庄之内,庄中富有的农人也常有极其讲究的房子,这种房子和北方城市中"瓦房"同一模型:皆以"四合头"为基本,中加屏门、垂花门[1],等等。其与北平通

---

[1] 四合院中外院与内院的分界线和通道。外院多用来接待客人,内院则是自家人生活。

常所见最不同处有四点：

（1）在平面上，假设正房向南，东西厢房的位置全在北房"通面阔[①]"的宽度以内，使正院成一南北长东西窄、狭长的一条，失去四方的形式。这个布置在平面上当然是省了许多地盘，比将厢房移出正房通面阔以外经济，且因其如此，正房及厢房的屋顶（多半平顶）极容易联络，石梯的位置，就可在厢房北头，夹在正房与厢房之间，上到楼梯中间的平台便可分两面，一面旁转上到厢房屋顶，又一面再上几级可达正房顶。

（2）虽说是瓦房，实仍为平顶砖窑，仅留前廊或前檐部分用斜坡青瓦。侧面看去实像砖墙前加用"雨搭"。

（3）屋外观印象与所谓三开间同，但内部却仍为三窑眼，窑与窑间亦用发券门，印象完全不似寻常堂屋。

（4）屋的后面女儿墙上做成城楼式的箭垛，所以整个房子后身由外面看去直成一座堡垒。

❖ 城市中民居 ❖

如介休、灵石等城市中的民房，与村落中讲究的大同小

[①] 我国木构建筑正面相邻的两檐柱间的水平距离称为开间（又叫面阔），各开间宽度的总和称为通面阔。

异，但多有楼，如用窑造亦仅限于下层。城中房屋栉篦[1]，拥挤不堪，平面布置尤其经济，不多占地盘，正院比普通的更瘦窄。

一房与他房间多用夹道，大门多在曲折的夹道内，不像北平房子之庄重均衡，虽然内部则仍沿用一正两厢的规模。

这种房子最特异之点，在瓦坡前后两片不平均的分配。房脊靠后许多，约在全进深四分之三的地方，所以前坡斜长，后坡短促，前檐玲珑，后墙高垒，作内秀外雄的样子，倒极合理有趣。

赵城、霍州的民房所占地盘较介休而言从容得多。赵城房子的檐廊部分尤多繁复的木雕，院内真是雕梁画栋、琳琅满目，房子虽大，联络甚好，因厢房与正屋多相连属，可通行。

❖ 山庄财主的住房 ❖

这种房子在一个庄中可有两三家，遥遥相对，仍可以令人想象到当日的气焰。其所占地面之大，外墙之高，砖石木料上之工艺，楼阁别院之复杂，均出乎我们意料之外甚多。灵石往南，在汾水东西有几个山庄，背山临水，不宜耕种，

---

[1] 栉篦（zhì bì）：梳子和篦子等梳头用具，形容房屋或船只等像梳齿那样排列得很密很整齐。

其中富户均是经商别省，发财后回来筑舍显耀宗族的。

房子造法形式与其他山西讲究房子相同，但较近于北平官式，做工极其完美。外墙石造雄厚惊人，有所谓"百尺楼"者，即此种房子的外墙，依着山崖筑造，楼居其上。由庄外遥望，十数里外犹可见，百尺矗立，崔嵬（wéi）奇伟，足镇山河，为建筑上之荣耀！

古今城市的布局

自从周初封建社会开始，中国的城邑就有了制度。为了防御邻邑封建主的袭击，城邑都有方形的城郭。城内封建主住在前面当中，后面是市场，两旁是老百姓的住宅。对着城门必有一条大街。其余的土地划分为若干方块，叫作"里"，唐以后称"坊"。里也有围墙，四面开门，通到大街或里与里间的小巷上。每里有一名管理员，叫作"里人"。这种有计划的城市，到了隋唐的长安已达到了最高度的发展。

隋唐的长安首次制订了城市的分区计划。城内中央的北部是宫城，皇帝住在里面。宫城之外是皇城，所有的衙署都在里面，就是首都的行政区。皇城之外是都城，每面开三个门，有九条大街南北东西地交织着。大街以外的土地就是一个一个的坊。东西各有两个市场，在大街的交叉处，城之东南隅，还有曲江的风景。这样就把皇宫、行政区、住宅区、商业区、风景区明白地划分规定，而用极好的道路系统把它们系起来，条理井然。

有计划地建造城市，我们是历史上最先进的民族。古来"营国筑室"，即都市计划与建筑，素来是相提并论的。

隋唐的长安、洛阳和许多古都市已不存在，但我们中国的首都北京却是经元、明、清三代，总结了都市计划的经验，用心经营出来的卓越的、典型的中国都市。

北京今日城垣的外貌正是辩证地发展的最好例子。北京在布局上最出色的是它的南北中轴线，由南至北长达 7 公里余。在它的中心立着一座座纪念性的大建筑物。由外城正南的永定门直穿进城，一线引直，通过一整个紫禁城到它北面的钟楼、鼓楼，在景山巅上看得最为清楚。

世界上没有第二个城市有这样大的气魄，能够这样从容地掌握这样的一种空间概念。更没有第二个国家有这样以巍峨尊贵的纯色黄琉璃瓦顶，朱漆描金的木构建筑物，毫不含糊地连属组合起来的宫殿与宫廷。紫禁城和内中成百座的宫殿是世界上绝无仅有的建筑杰作的一个整体。环绕着它的北京的街型区域的分配也是有条不紊的城市的奇异的孤例。当中偏西的宫苑，偏北的平民娱乐的什刹海，紫禁城北面满是松柏的景山，都是北京的绿色区。在城内有园林的调剂也是不可多得的优良的处理方法。这样的都市不但在全世界里中古时代所没有，即在现代，用最进步的都市计划理论配合，仍然是保持着最有利条件的。

古建考察记录

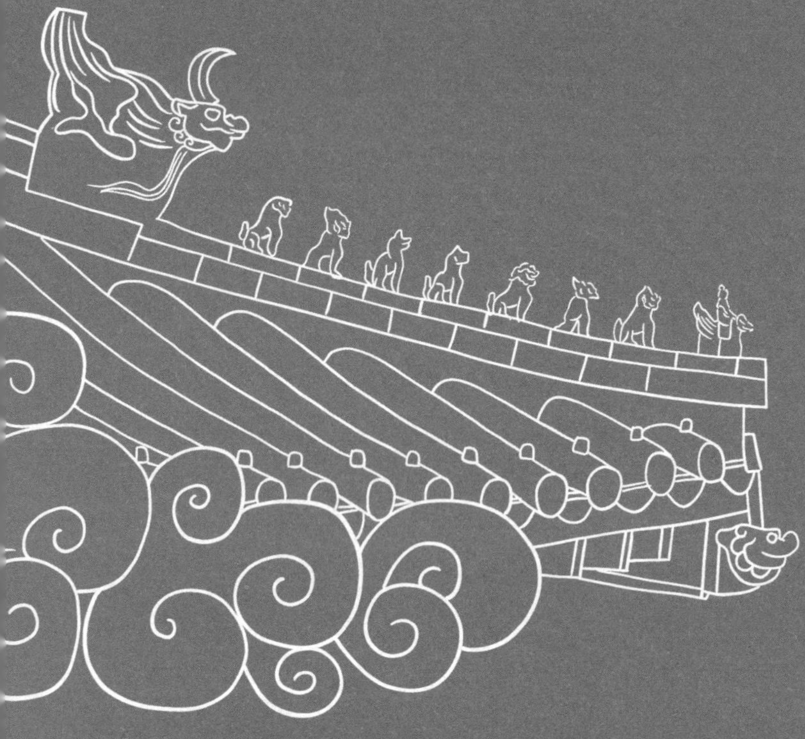

记五台山佛光寺的建筑

山西五台山是由五座山峰环抱起来的，当中是盆地，有一个镇叫台怀。五峰以内称为"台内"，以外称"台外"。台怀是五台山的中心，附近寺刹林立，香火极盛。殿塔佛像都勤经修建。其中许多金碧辉煌、用来炫耀香客的寺院，都是近代的贵官富贾所布施重修的。千余年来所谓"文殊菩萨道场"的地方，竟然很少明清以前的殿宇存在。

台外的情形，就与台内很不相同。因为地占外围，寺刹散远，交通不便，所以祈福进香的人，足迹很少到台外。因为香火冷落，寺僧贫苦，所以修装困难，就比较有利于古建筑之保存。

1937年6月，我同中国营造学社调查队莫宗江、林徽因、纪玉堂四人，到山西这座名山，探索古刹。到五台县城后，我们不入台怀，折而北行，径趋南台外围。我们骑驮骡入山，在陡峻的路上，迂回着走，沿倚着岸边，崎岖危险，下面可以俯瞰田垄。田垄随山势弯转，林木错绮；近山婉婉在眼前，远处则山峦环护，形态甚是壮伟，旅途十分僻静，风景很幽丽。到了黄昏时分，我们到达豆村附近的佛光真容禅寺,瞻仰大殿,咨嗟惊喜。我们一向所抱着的国内殿宇必有唐构的信念,在此得到一个实证了。

佛光寺的正殿魁伟整饬①,还是唐大中年间的原物。除了建筑形制的特点历历可征外,梁间还有唐代墨迹题名,可资考证。佛殿的施主是一妇人,她的姓名写在梁下,又见于阶前的石幢上,幢是大中十一年(857年)建立的。殿内尚存唐代塑像三十余尊,唐壁画一小横幅,宋壁画几幅。这是我们多年来实地踏查所得的唯一唐代木构殿宇,不但是国内古建筑之第一瑰宝,也是我国文化遗产中极其珍贵的一件东西。寺内还有唐石刻经幢两座,唐砖墓塔两座,魏或齐的砖塔一座,宋中叶的大殿一座。

正殿的结构既然珍贵异常,我们开始测绘就唯恐有遗漏或错失处。我们工作开始的时候,因为木料上有新涂的土朱②,没有看见梁底下有字,所以焦灼地想知道它的确实建造年代。通常殿宇的建造年月,多写在脊檩上。这座殿因为有"平暗③"顶板,梁架上部结构都被顶板隐藏,斜坡殿顶的下面,有如空阁,黑暗无光,只靠经由檐下空隙,攀爬进去。上面积存的尘土有几寸厚,踩上去像棉花一样。我们用手电

---

① 整饬(chì):整齐有序。

② 朱红色的泥土。

③ 以方木条组成方格子,再在其上加盖板,板子不施彩画。其作用是不露出建筑的梁架。

昏暗的测绘环境

探视,看见檩条已被蝙蝠盘踞,千百成群地聚挤在上面,无法驱除。脊檩上有无题字,还是无法知道,令人失望。我们又继续探视,忽然看见梁架上都有古法的"叉手"的做法,是国内木构中的孤例。这样的意外,又使我们惊喜,如获至宝,鼓舞了我们。

照相的时候,蝙蝠惊飞,秽气难耐,而木材中又有千千万万的臭虫(大概是吃蝙蝠血的),工作至苦。我们早晚攀登工作,或爬入顶内,与蝙蝠臭虫为伍,或爬到殿中构架上,俯仰细量,探索唯恐不周到,因为那时我们生怕机缘难得,重游不是容易的,这次图录若不详尽,恐怕会辜负古人的匠心。

我们工作了几天,才看见殿内梁底隐约有墨迹,且有字的左右共四梁。但字迹被土朱所掩盖。梁底离地两丈[①]多高,光线又不足,各梁的文字,颇难确辨。审视了许久,各人凭自己的目力,揣拟再三,才认出官职一二,而不能辨别人名。徽因素来远视,独见"女弟子宁公遇"之名,生怕有误,又详细检查阶前经幢上的姓名。幢上除有官职者外,果然也有"女弟子宁公遇"者,称为"佛殿主",名列在诸尼之前。"佛殿主"之名既然写在梁上,又刻在幢上,则幢之建造应当是与殿同时的。即使不是同年兴工,幢之建立亦在殿完工的时候。殿的年代因此就可以推出了。

为求得题字的全文,我们当时就请寺僧入村去募工搭架,想将梁下的土朱洗脱,以穷究竟。不料村僻人稀,和尚去了一整天,仅得老农二人,对这种工作完全没有经验,筹划了一天,才支起一架。我们已急不能待地把布单撕开浸水互相传递,但是也做了半天才洗出两道梁。土朱一着了水,墨迹就骤然显出,但是水干之后,墨色又淡下去,又隐约不可见了。费了三天时间,才得读完题字原文。可喜的是字体宛然唐风,无可置疑。"功德主故右军中尉王"当然是唐朝

---

① 长度单位,1丈约等于3.33米。

的宦官，但是当时我们还不知道他究竟是谁。

正殿摄影测绘完了后，我们继续探视文殊殿的结构，测量经幢及祖师塔等。祖师塔朴拙劲重，显然是魏齐遗物。文殊殿是纯粹的北宋手法，不过构架独特，是我们前所未见的；前内柱之间的内额净跨 14 米余，其长度惊人，寺僧称这木材为"薄油树"，但是方言土音难辨究竟。一个小孩捡了一片枥树叶相示，又引导我们登后山丛林中，也许这巨材就是后山的枥木，但是今天林中并无巨木，幼树离离，我们还未敢确定它是什么木材。

最后我们上岩后山坡上探访基塔，松林疏落，晚照幽寂；虽然峰峦萦抱着亘古胜地，而左右萧条，寂寞自如。佛教的迹象，留下的已不多了。推想唐代当时的盛况，同现在一定很不相同。

行 程[1]

今年 4 月，在蓟县调查独乐寺辽代建筑的时候，与蓟县乡村师范学校教员王慕如先生谈到中国各时代建筑特征，和独乐寺与后代建筑不同之点，他告诉我说，他家乡——河北宝坻县——有一个西大寺，结构与我所说独乐寺诸点约略相符，大概也是辽金遗物。于是在一处调查中，又得了另一处新发现的线索。我当时想到蓟县绕道宝坻回北平，但是蓟宝间长途汽车那时不凑巧刚刚停驶，未得去看。回来之后，设法得到西大寺的照片，预先鉴定一下，竟然是辽式原构，于是宝坻便列入我们旅行程序里来，又因其地点较近，置于最早实行之列。

我们预定 6 月初出发，那时雨季方才开始，长途汽车往往因雨停开，一直等到 6 月 11 日，才得成行。同行者有社员东北大学学生王先泽和一个仆人。那天还不到五点——预定开车的时刻——太阳还没上来，我们就到了东四牌楼长途汽车站，一直等到七点，车才来到，那时微冷的 6 月阳光，

---

[1] 本文为《宝坻（dǐ）县广济寺三大士殿》一文第一节。广济寺俗称西大寺，于天津解放前夕被毁。现存建筑重建于 2007 年。宝坻县为今天津市宝坻区。

已发出迫人的热焰。汽车站在猪市当中——北平全市每日所用的猪，都从那里分发出来——所以我们在两千多只猪的惨号声中，上车向东出朝阳门而去。

由朝阳门到通州间马路平坦，车行很快。到了通州桥，车折向北，由北门外过去，在这里可以看见通州塔，高高耸起，它那不足度的"收分"[①]和重重过深过密的檐，使人得到不安定的印象。

通州以东的公路是土路，将就以前的大路所改成的。过了通州约两三里到箭杆河——白河的一支流。河上有桥，那种特别国产工程，在木柱木架之上，安扎高粱秆，铺放泥土，居然有力量载渡现代机械文明的产物，倒颇值得注意。虽然车到了桥头，乘客却要被请下车来，步行过桥，让空车开过去。过了桥是河心一沙洲，过了沙洲又有桥，如是者两次，才算过完了箭杆河。

河迤[②]东有两三段沙滩，长者三四里，短者二三十丈，满载的车，到了沙上，车轮飞转，而车不进，乘客又被请下来，让轻车过去，客人却在松软的沙里，弯腰伸颈，努力跋涉，过了沙滩。土路还算平坦，一直到夏垫。由夏垫折向东

[①] 中国古代建筑中的圆柱，除去瓜柱一类短柱外，都会做成下端略粗、上端略细的形式，这种做法叫作"收分"。"不足度的收分"是指收分的程度没有达到规定或预期的标准。

[②] 迤（yǐ）：往；向。

南沿着一道防水堤走，忽而在堤左，忽而过堤右，越走路越坏。过了新集之后，我们简直就在泥泞里开汽车，有许多地方泥浆一直浸没车的蹬脚板，又有些地方车身竟斜到与地面成四十五度角，路既高低不平，速度直同蜗牛一样。

如此千辛万苦，进城时已是下午三时半。我们还算侥幸，一路上机件轮带都未损坏，不然甚时才到达目的地，却要成了个重要的疑问。

我们这次的期望或许过奢，因为上次的蓟县是一个山麓小城，净美可人的地方，使我联想到法国的某些村镇，宛如重游一般。宝坻在蓟县正南仅70里，相距如此之近，我满以为可以再找到另一个相似净雅的小城镇。岂料一进了城，只见一条尘土飞扬的街道，光溜溜没有半点树影，转了几弯小胡同，在一条雨潦①未干的街上，汽车到达了终点。

下车之后，头一样打听住宿的客店，却都是苍蝇爬满、窗外喂牲口的去处。好容易找到一家泉州旅馆，还勉强可住，那算是宝坻的"北京饭店"。泉州旅馆坐落在南大街，宝坻城最主要的街上。南大街每日最主要的商品是咸鱼——由天津经170里路运来的咸鱼——每日一出了旅馆大门便入"咸鱼之肆"，我们在那里住了五天。

---

① 指大雨积水。

西大寺坐落在西门内西大街上，位置与独乐寺在蓟县城内约略相同。在旅馆卸下行装之后，我们立刻走到西大寺去观望一下。但未到西大寺以前，在城的中心，看见镇海的金代石幢，既不美，又不古，乃是后代重刻的怪物。不凑巧，像的上段也没照上。

西大寺天王门已经"摩登化"了，门内原有的四天王已毁去，门口挂了"民众阅报处"的招牌，里面却坐了许多军人吸烟谈笑。天王门两边有门道，东边门上挂了"河北第一长途电话局宝坻分局"的牌子，这个方便倒是意外的，局即在东配殿，我便试打了一个电话回北平。

配殿和它南边的钟楼、鼓楼与天王门，都是明清以后的建筑物，与正中的三大士殿比起来真是矮小得可怜。大殿之前有许多稻草。原来城内驻有骑兵一团，这草是地方上供给的马草，暂时以三大士殿做贮草的仓库。

这临时仓库额①曰"三大士殿"，是一座东西五间、南北四间、单檐、四阿②的建筑物。斗拱雄大，出檐深远，的确是辽代的形制。骤视颇平平，几使我失望。里边许多工人正在轧马草，草里的尘土飞扬满屋，三大士像及多位侍立的菩萨、韦驮、十八罗汉等，全在尘雾迷蒙中罗列。像前还有供

---

① 即匾额。

② 四阿（ē）：屋宇或棺椁四边的檐溜，可使水从四面流下。

桌和棺材一口，在堆积的草里，露出多座的石碑，其中最重要的一座是辽太平五年（1025年）的，土人叫作"透灵碑"，是宝坻"八景"之一。

抬头一看，殿上部并没有天花板，即《营造法式》里所称"彻上露明造"①。梁枋结构的精巧，在后世建筑物里还没有看见过，当初的失望，到此立刻消失。这先抑后扬的高兴，趣味尤富。在发现蓟县独乐寺几个月后，又得见一个辽构，实是一种奢侈的幸福。

出大殿，绕到殿后，只见一片空场，几间破屋，洪肇楙（mào）《县志》里所说的殿后宝祥阁，现在连地基的痕迹都没有了，问当地土人，白胡子老头儿也不曾赶上看到这座巍峨的高阁。我原先预计可以得到的两座建筑物之较大的一座，已经全部羽化，只剩一座留待我们查记了。

正殿的内外因稻草的堆积，平面的测量颇不容易。由东到西，由南到北，都没有一线直量的地方；乃至一段一段地分量，也有许多量不着或量不开之处。我们费了许多时间，许多力量，爬到稻草上面或里面，才勉强把平面尺寸拼凑起来，仍不能十分准确。

这些堆积的稻草，虽然阻碍我们工作，但是有一害必有

---

① 指屋顶梁架结构完全暴露，使人在室内抬头即能清楚地看见屋顶的梁架结构的建筑物室内顶部做法。

一利，到高处的研究，这草堆却给了我们不少的方便。大殿的后部，稻草堆得同檐一样高，我们毫不费力地爬上去，对于斗拱、梁枋都得以尽量地仔细测量观摩，利害也算相抵了。

三大士殿上的瓦饰，尤其是正吻，形制颇特殊；四角上的"走兽"也与清式大大不同。但是屋檐离地面6米，不是普通梯子所上得去的；打听到城里有棚铺，我们于是出了重价，用搭架的方法，扎了一道临时梯子，上登殿顶。走到正脊旁边，看不见脊那一面；正吻整整有两个半人高，在下面真看不出来。这时候轰动了不少好事的闲人，却借此机会上到殿顶，看看四周的风光，顷刻之间，殿顶变成了一座瞭望台。

大殿除建筑而外，殿内的塑像和碑碣也很值得我们注意。塑像共计四十五尊，主要的都经测量，并摄影；碑共计九座，除测量外，并拓得全份，但是拓工奇劣，深以为憾。

我们加紧工作三天，大致已经就绪，最后一天又到东大寺。按县志的记载，那东大寺——大觉寺——千真万确是辽代的结构；但是现在，除去一座碑外，原物一无所存，这种不幸本不是意外，所以我们也不太失望。此外城东的东岳庙，《县志》所记的刘銮塑像，已变成比东安市场的泥花脸还不如。城北的洪福寺，更不见甚"层阁高耸，虬松远荫，渠水经其前"的美景，只有破漏的正殿和丛生的荆棘。

我们绕城外走了一周，并没有新的发现。更到了城墙上，才看见立在旧城楼基上，一座丑陋不堪的小"洋房"。门上一片小木板，刻着民国十四年（1925年）县知事某（?）的《重修城楼记》，据说是"以壮观瞻"等等。我们自然不能不佩服这么一位审美的县知事。

工作完了，想回北平，但因北平方面大雨，长途汽车没有开出，只得等了一天。第二天因车仍不来，想绕道天津走，那天又值开往天津的汽车全部让县政府包去。因为我们已没有再留住宝坻一天的耐性，我们决定由宝坻坐骡车到河西坞——北平、天津间汽车必停之点，然后换汽车回去。

17日清晨三点，我们在黑暗中由宝坻出南门，向河西坞出发。一只老骡，拉着笨重的轿车和车里充满了希望的我们，向"光明"的路上走。出城不久，天渐放明，到香河县时太阳已经很高了。十点到河西坞，听说北上车已经过去。于是等南下车，满拟到天津或杨村换北宁车北返，但是来了两辆，都已挤得人满为患，我们当天到北平的计划，好像是已被那老骡破坏无遗了。

当时我们只有两个办法：一个是在河西坞过夜，等候第二天的汽车，一个是到最近的北宁路站等火车。打听到最近的车站是落垡（fá），相距48里，我们下了决心，换一辆轿车，加一匹驴向落垡前进。

下午一点半，到武清县城，沿城外墙根过去。一阵大风，一片乌云，过了武清不远，我们便走进蒙蒙的小雨里。越走雨越大，终了是倾盆而下。在一片大平原里，隔几里才见一个村落，我们既是赶车，走过也不能暂避。三时半，居然赶到落垡车站。那时骑驴的仆人已经湿透，雨却也停了。

　　在车站上我们冷得发抖，等到四时二十分，时刻表定作三时四十分的慢车才到。上车之后，竟像已经回到家里一样舒服。七点过车到北平前门，那更是超过希望的幸运。

　　旅行的详记因时代情况之变迁，在现代科学性的实地调查报告中，是个必要部分，因此我将此简单的一段旅程经过，放在前边也算作序。

正定之游[①]

"榆关变后还不见有什么动静，滦东形势还不算紧张，要走还是趁这时候走。"朋友们总这样说，所以我带着绘图生莫宗江和一个仆人，于4月16日由前门西站出发，向正定去。

平汉车本来就糟，七时十五分的平石通车更糟，加之以"战时"情形之下，其糟更不可言。沿途接触的都是些武装同志，全车上买票的只有我们，其余都是免票"因公"乘车的健儿们。

下午五时到正定。为工作便利计，我们雇了车直接向东门内的大佛寺（隆兴寺之别名）去。离开了车站两三里，穿过站前的村落，又走过田野，我们已来到小北门外，洋车拉下了干枯的护城河，又复拉上，然后入门。进城之后，依然是一样的田野，并没有丝毫都市模样。车在不平的路上，穿过青绿的菜田，渐渐走近人烟比较稠密的部分。过些时左边已渐繁华，右边仍是菜圃。

在一架又一架凉棚架下穿行了许久，我左右顾看高起的

[①] 本文节选自《正定古建筑调查纪略》一文第一节《纪游》。

鼓镜[1]和檩枋间的小垫块，忽然已到了敕建隆兴寺山门之前。车未停留，匆匆过去，一瞥间，我只看见山门檐下斗拱结构非常不顺眼。车绕过了山门，向北顺着一道很长的墙根走，墙上免不了是"党权高于一切""三民主义……"一类的标语。我们终于被拉到一个门前放下，把门的兵用山西口音问我来做什么。门上有陆军某师某旅某团机关枪连的标识。我对他们说明我们的任务，候了片刻，得了连长允许，被引到方丈[2]去。

一位六十岁左右的老和尚出来招待我们，我告诉他我们是来研究隆兴寺建筑的，并且表示愿在此借住，他因方丈不在家，不能做主，请我们在客堂等候。到方丈纯三回来，安排停当之后，我们就以方丈的东厢房做工作的根据地。但因正定府城之大，我们住在城东的，要到西门发封电信都感到极不方便。

在黄昏中，莫君与我开始我们初步的游览。由方丈穿过关帝庙，来到慈氏阁的北面，我们已在正院的边上；在这里我才知道刚才进小北门时所见类似瞭望台式的高建筑物，原来是纯三方丈所重修的大悲阁。

---

[1] 我国古建筑多为木结构，柱子直接插入土中，容易受潮腐烂，故古代工匠会在柱脚垫一块石墩，称为柱础或柱顶石。其表面凸起的部分称鼓镜，平面呈圆形或方形，以便与柱子衔接。
[2] 方丈既可指寺院的住持，又可指住持居住的房间。

在大悲阁前，有转轮藏殿与慈氏阁两座显然相同的建筑相对而立。我们先进慈氏阁看看内部的构架，下层向南的下檐已经全部毁坏，放入惨淡的暮色。殿内有弥勒菩萨立像，两旁有罗汉。我们上楼，楼梯的最下几级已没有了，但好在还爬得上去。上层大部分没有地板，我们战兢地看了一会儿，在几不可见的苍茫中，看出慈氏阁上檐斗拱没有挑起的后尾，于是大失所望地下楼。我们越过院子，看了转轮藏殿的下部，与显然由别处搬来寄居的袒腹阿弥陀佛，不禁相对失笑，此后又凭吊了它背后破烂的转轮藏，却没有上楼。

慈氏阁与转轮藏殿之间，略南有戒坛，显是盛清的形制。戒坛前面有一道小小的牌楼，形制甚为古劲。穿过牌楼门，庞大的摩尼殿整个横在前面。天已墨黑，殿里阴森，对面几不见人，只听到上面蝙蝠唧唧叫唤。在殿前我们向南望了六师殿的遗址和山门的背面，然后回到方丈去晚斋。豆芽、菠菜、粉丝、豆腐、面、大饼、馒头、窝窝头，我们竟然为研究古建筑而茹素，虽然一星期的斋戒，曾被荤浊的宣威火腿罐头破了几次。

第二天早六时，被寺里钟声唤醒，昨日的疲乏顿然消失。这一天主要工作仍是将全寺详游一遍，以定工作的方针。大悲阁的宋构已毁去什九，正由纯三重修拱形龛，龛顶上工作纷纭，在下面测画颇不便，所以我们盘桓一会儿，向转轮藏殿去。

大悲阁与转轮藏殿之间，及大悲阁与慈氏阁之间，都有一座碑亭，完全是清式的。转轮藏前的阿弥陀佛依然是笑脸相迎，于是绕到转轮藏之后，初次登楼。越过没有地板的梯台，再上大半没有地板的楼上，发现转轮藏殿上部的结构，有精巧的构架、与《营造法式》完全相同的斗栱和许多许多精美奇特的构造，使我们高兴到发狂。

摩尼殿是隆兴寺现存诸建筑中最大最重要者。十字形的平面，每面有歇山向前，略似北平紫禁城角楼，这式样是我们在宋画里所常见，而在遗建中尚未曾得到者。斗栱奇特：柱头铺作小而简单，补间铺作①大而复杂，而且在正角内有四十五度的如意栱，都是后世所少见。殿内供释迦及二菩萨，有阿难、迦叶二尊者，并天王侍立。

摩尼殿前有甬道，达大觉六师殿遗址，殿已坍塌，只剩一堆土丘，约高丈许。据说燕大诸先生将土丘发掘，曾得了些琉璃，惜未得见。土丘东偏有高约7尺武装石坐像，雕刻粗劣，无美术价值，且时代也很晚，大概是清代遗物。这像本来已半身埋在土中，亦经他们掘出。

寺的主要部分，如此看了一遍。次步工作便须将全城各

---

① 柱头铺作、补间铺作和转角铺作是斗栱的三种类型，详见第152页图。

处先游一周，依遗物之多少，分配工作的时间。稍息之后，我们带了摄影机和速写本出去"巡城"。我所知道的古建只有"四塔"和名胜一处——数百年来修葺多次的阳和楼。天宁寺木塔离大佛寺最近，所以我们就将它作第一个目标，然后再去看临济寺的青塔、广惠寺的花塔、开元寺的砖塔①。

我们走了许多路，天气又热，不禁觉渴，看路旁农人工作正忙，由井中提起一桶一桶的甘泉，决计过去就饮，但是因水里满是浮沉的微体，只得忍渴前行。

我们看完这三座塔后，便向南大街走去。沿南大街北行，不久便被一座高大的建筑物拦住去路。很高的砖台，上有七楹殿②，额曰阳和楼，下有两门洞，将街分左右，由台下穿过。全部的结构就像一座缩小的天安门。这就是《县志》里有许多篇重修记的名胜阳和楼；砖台之前有小小的关帝庙，庙前有台基和牌楼。

阳和楼的斗拱，自下仰视，虽不如隆兴寺的伟大，却比明清式样雄壮得多，虽然多少次重修，但仍得幸存原构，这是何等侥幸。我私下里自语："它是金元间的作品，殆无可疑。"但是这样重要的作品，东西学者到过正定的全未提到，我又觉得奇怪。

---

① 即第 89 页所描述的料敌塔。
② 有七间屋子的大殿。楹，量词，一间为一楹。

门是锁着的，不得而入，看楼人也寻不到，徘徊瞻仰了些时，已近日中时分，我们只得向北回大佛寺去。在南大街上有好几道石牌楼，都是纪念明太子太保梁梦龙的。中途在一个石牌楼下的茶馆里，竟打听到看楼人的住处。

　　开元寺俗称砖塔寺。下午再到阳和楼时，顺路先到此寺，才知现在是警察教练所。砖塔的平面是四方形，各层的高度也较平均，其形制显然是四塔中最古者，但是砖石新整，为后世重修，实际上又是四塔中最新的一个。

　　开元寺除塔而外，尚存一殿一钟楼，而后者却是我们意外的收获。钟楼的上层外檐已非原形，但是下檐的斗拱和内部的构架，赫然是宋初（或更古！）遗物。楼上的大钟和地板上许多无头造像，都是有趣的东西。这钟楼现在显然是警察的食堂。开元寺正殿却是毫无趣味的清代作品。里面站在大船上的佛像，更是俗不可耐。

　　离开开元寺，我们还向阳和楼去。在楼下路东一个街民家里，寻到管理人。沿砖台东边拾级而登，台上可以瞭望全城。台上有殿七楹，东西碑亭各一。殿身的梁枋斗拱，使我们心花怒放，知道这木构是宋式与明清式间紧要的过渡作品。这一下午的工作，就完全在平面和斗拱之测绘。

　　第三天游城北部，北门里的崇因寺和北门外的真武庙。崇因寺是万历年间创建，我们对它并没有多大的奢望。真武

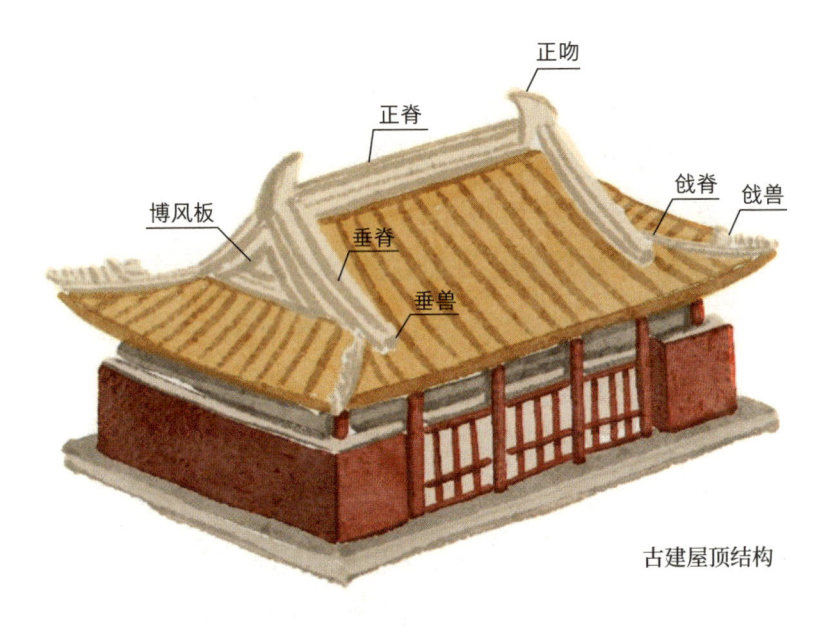

古建屋顶结构（正吻、正脊、垂脊、博风板、戗脊、戗兽、垂兽）

庙《县志》称始于宋元，但是现存者乃是当地的现代建筑。正脊、垂脊和博风头上却有点有趣的雕饰。

第三天的工作如此完结，我觉得我对正定的主要建筑物已大略看过一次，预备翌晨从隆兴寺起，做详测工作。

第四天棚匠已将转轮藏殿所须用的架子搭妥。以后两天半，由早七时到晚八时，完全在转轮藏殿、慈氏阁、摩尼殿三建筑物上细测和摄影。其中虽有一天的大雷雨雹，晚上骤冷，用报纸辅助薄被之不足，工作却还顺利。这几天之中，一面拼命赶着测量，一面心里惦记着滦东危局，揣想北平被残暴的邻军炸成焦土，结果是详细之中仍多遗漏，不禁感叹"东亚和平之保护者"的厚赐。

第六天的下午在隆兴寺测量总平面，便匆匆将大佛寺做完。最后一天，重到阳和楼将梁架细量，以补前两次所遗漏。余半日，我忽想到还有县文庙不曾参看，不妨去碰碰运气。

县文庙前牌楼上高悬着正定女子乡村师范学校的匾额。我因记起前次在省立七中的久候，不敢再惹动号房，所以一直向里走，以防时间上不必须的耗失，预备如果建筑上没有可注意的，便立刻回头。走进大门，迎面的前殿便太令人失望；我差不多回头不再前进了，忽想"既来之则看完之"是比较好的态度，于是信步绕越前殿东边进去。果然！好一座大成殿；雄壮古劲的五间，赫然现在眼前。

正在雀跃高兴的时候，觉得后面有人在我背上一拍，不禁失惊回首。一位须发斑白的老者，严肃地向着我问我来意，并且说这是女子学校，其意若曰："你们青年男子，不宜越礼擅入。"经过解释之后，他自通姓名，说是乃校校长，半信半疑地引导着我们"参观"。我又解释我们只要看大成殿，并不愿参观其他；因为时间短促，我们便匆匆开始测绘大成殿——现在的食堂——平面。

校长起始耐心陪着，不久或许是感着枯燥，或许是看我们并无不轨行动，竟放心地回校长室去。可惜时间过短，断面及梁架均不暇细测。完了之后，校长又引导我们看了几座古碑，除一座元碑外，多是明物。我告诉他，这大成殿也许是正定全城最古的一座建筑，请他保护不要擅改，以存原形。他当初的怀疑至此仿佛完全消失，还殷勤地送别我们。

　　下午八时由大佛寺向车站出发，等夜半的平汉特别快。因为九点闭城的缘故，我们不得不早出城，到站等候。站上有整列的敞车，上面满载着没有炮的炮车，据说军队已开始向南撤退。全站的黑暗忽被惨白的水月电灯突破，几分钟后，我们便与正定告别北返。翌晨醒来，车已过长辛店了。

梁思成手绘建筑图稿赏析

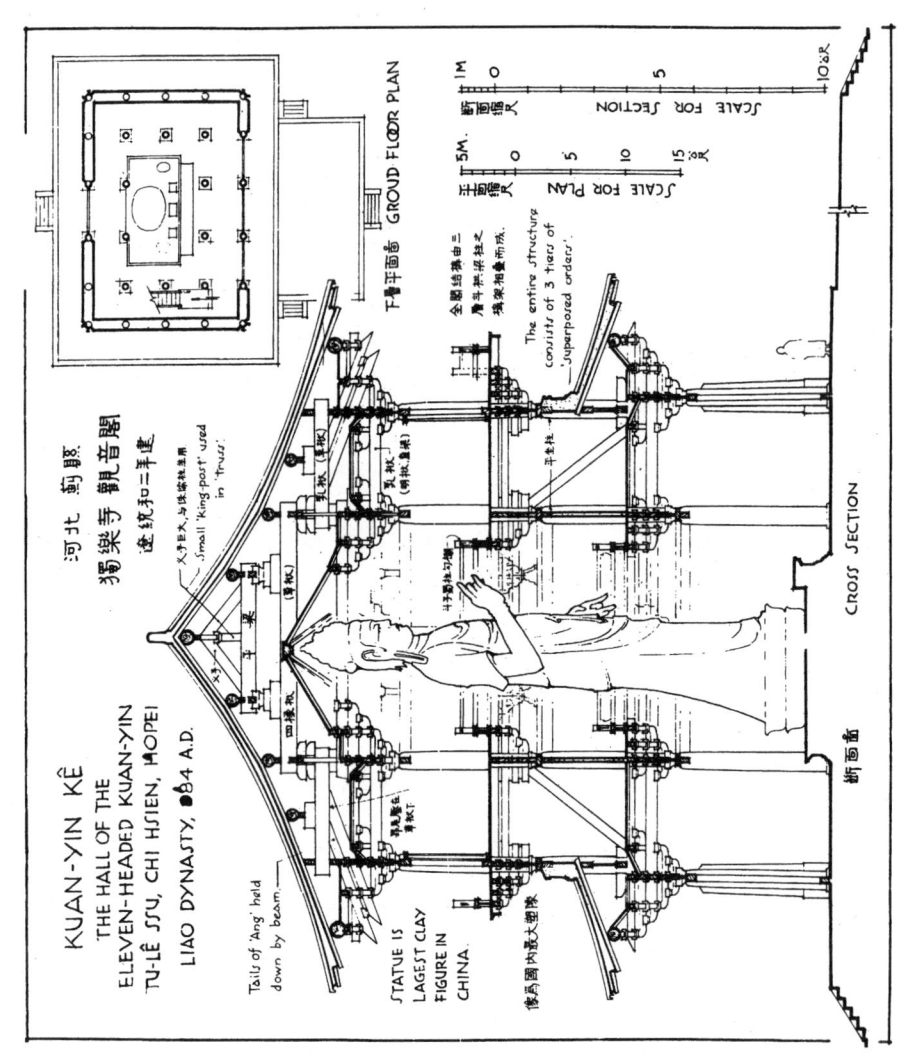

河北蓟县独乐寺观音阁断面图

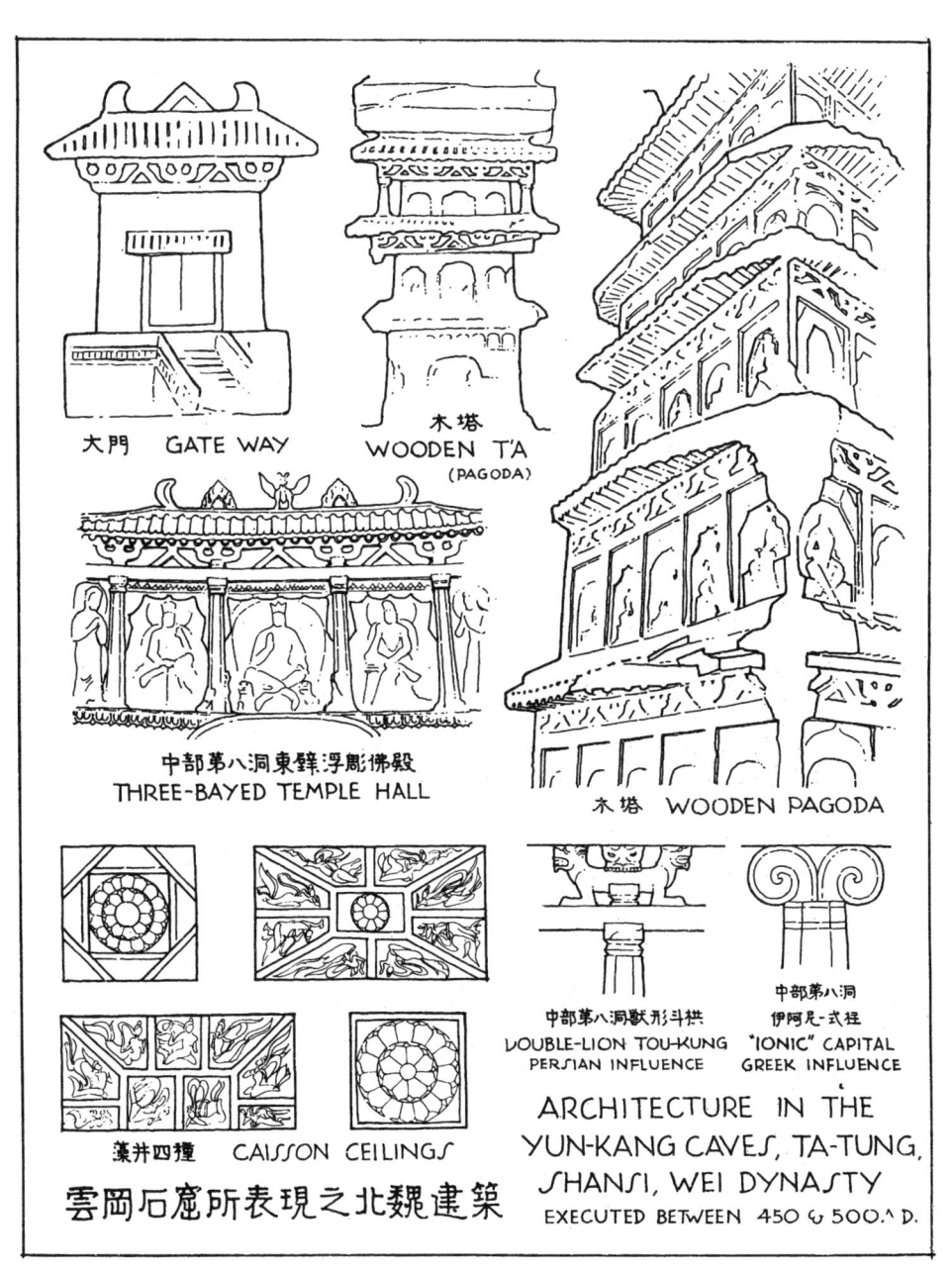

大門 GATE WAY

木塔 WOODEN T'A (PAGODA)

中部第八洞東壁浮彫佛殿
THREE-BAYED TEMPLE HALL

木塔 WOODEN PAGODA

中部第八洞獸形斗拱
DOUBLE-LION TOU-KUNG
PERSIAN INFLUENCE

中部第八洞
伊阿尼式柱
"IONIC" CAPITAL
GREEK INFLUENCE

藻井四種 CAISSON CEILINGS

ARCHITECTURE IN THE
YUN-KANG CAVES, TA-TUNG,
SHANSI, WEI DYNASTY
EXECUTED BETWEEN 450 & 500. A.D.

雲岡石窟所表現之北魏建築

云冈石窟所表现之北魏建筑

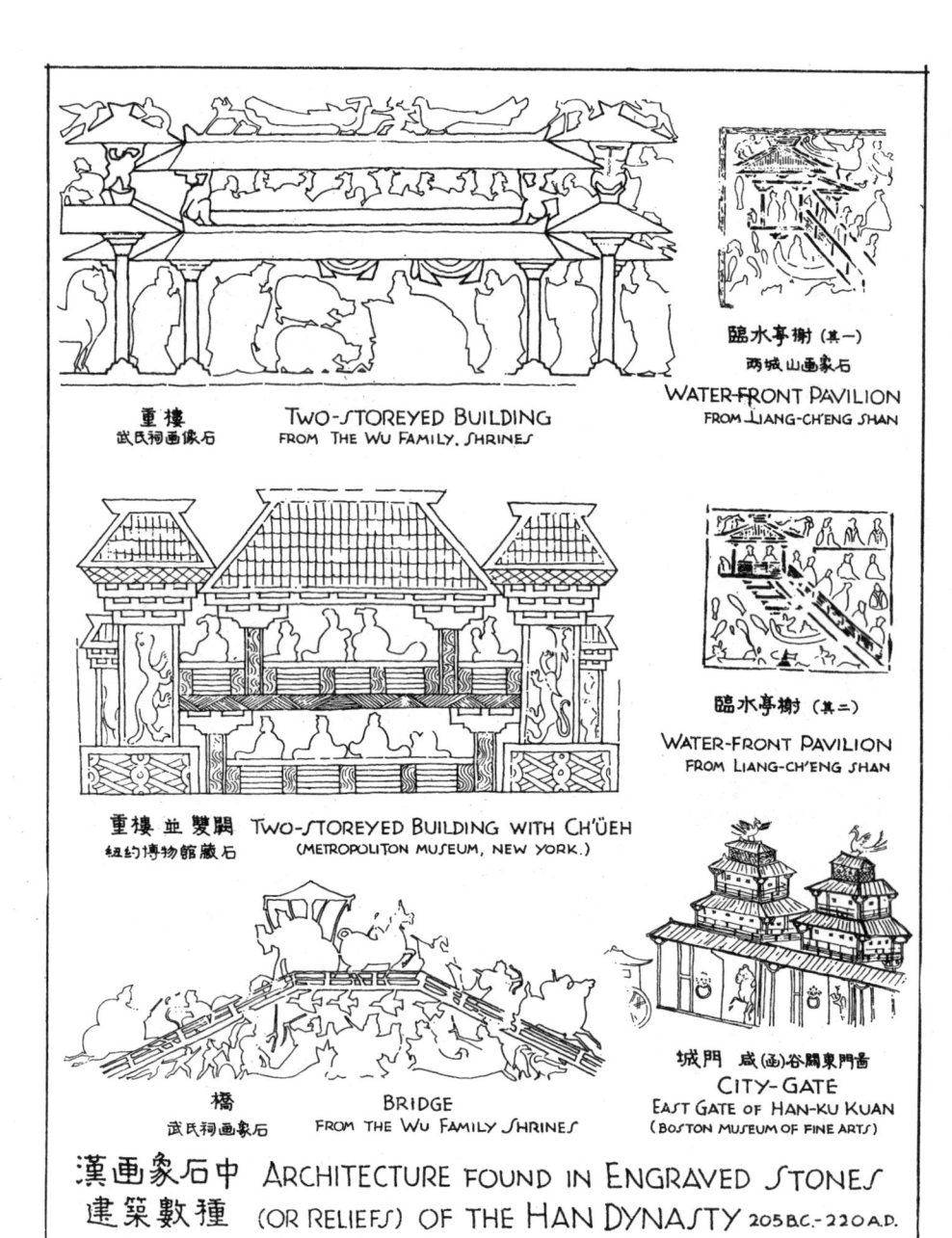

重樓
武氏祠畫像石
TWO-STOREYED BUILDING
FROM THE WU FAMILY SHRINES

臨水亭榭 (其一)
兩城山畫象石
WATER-FRONT PAVILION
FROM LIANG-CH'ENG SHAN

重樓並雙闕
紐約博物館藏石
TWO-STOREYED BUILDING WITH CH'ÜEH
(METROPOLITON MUSEUM, NEW YORK.)

臨水亭榭 (其二)
WATER-FRONT PAVILION
FROM LIANG-CH'ENG SHAN

橋
武氏祠畫象石
BRIDGE
FROM THE WU FAMILY SHRINES

城門 咸(函)谷關東門畫
CITY-GATE
EAST GATE OF HAN-KU KUAN
(BOSTON MUSEUM OF FINE ARTS)

漢畫象石中
建築數種
ARCHITECTURE FOUND IN ENGRAVED STONES
(OR RELIEFS) OF THE HAN DYNASTY 205 B.C.-220 A.D.

汉画像石中建筑数种

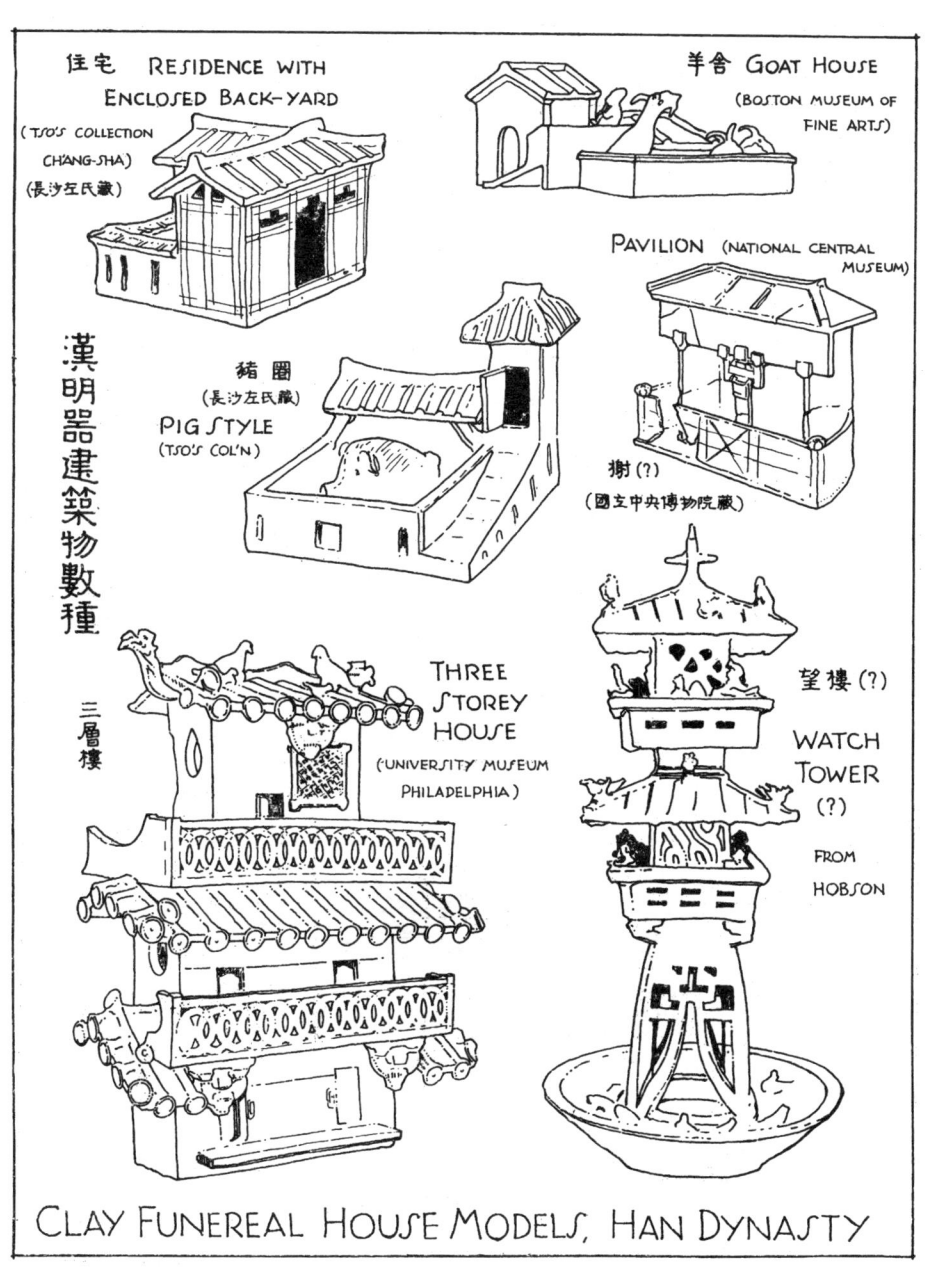

住宅 RESIDENCE WITH ENCLOSED BACK-YARD
(TSO'S COLLECTION CH'ANG-SHA)
(長沙左氏藏)

羊舍 GOAT HOUSE
(BOSTON MUSEUM OF FINE ARTS)

豬圈
(長沙左氏藏)
PIG STYLE
(TSO'S COL'N)

PAVILION (NATIONAL CENTRAL MUSEUM)

榭(?)
(國立中央博物院藏)

漢明器建築物數種

三層樓

THREE STOREY HOUSE
(UNIVERSITY MUSEUM PHILADELPHIA)

望樓(?)
WATCH TOWER (?)
FROM HOBSON

CLAY FUNEREAL HOUSE MODELS, HAN DYNASTY

汉明器建筑物数种

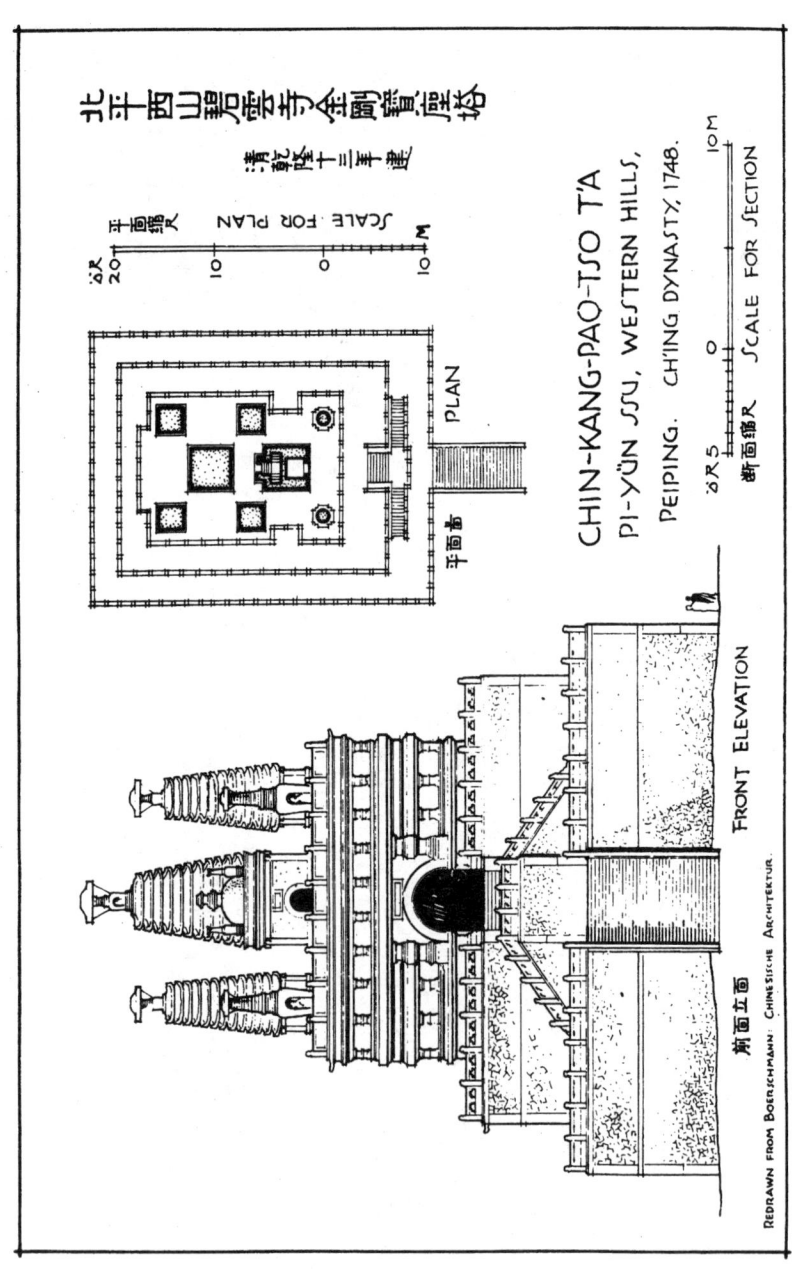

CHIN-KANG-PAO-TSO T'A
PI-YÜN SSU, WESTERN HILLS,
PEIPING. CH'ING DYNASTY, 1748.

北平西山碧云寺金刚宝座塔

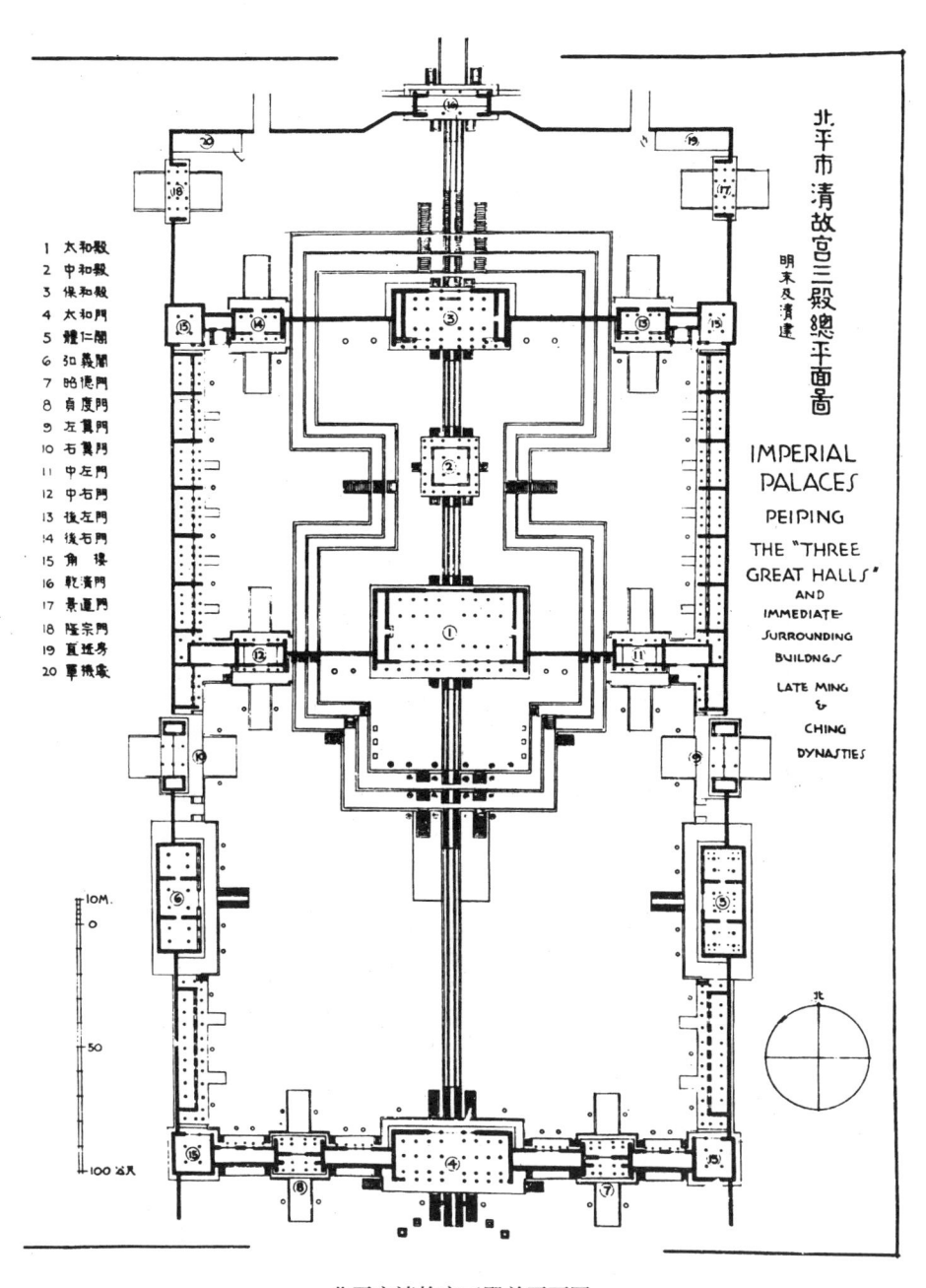

1 太和殿
2 中和殿
3 保和殿
4 太和門
5 體仁閣
6 弘義閣
7 昭德門
8 貞度門
9 左翼門
10 右翼門
11 中左門
12 中右門
13 後左門
14 後右門
15 角樓
16 乾清門
17 景運門
18 隆宗門
19 直廬房
20 軍機處

北平市清故宮三殿總平面圖

明末及清建

IMPERIAL PALACES PEIPING THE "THREE GREAT HALLS" AND IMMEDIATE SURROUNDING BUILDINGS LATE MING & CHING DYNASTIES

北

北平市清故宮三殿總平面圖

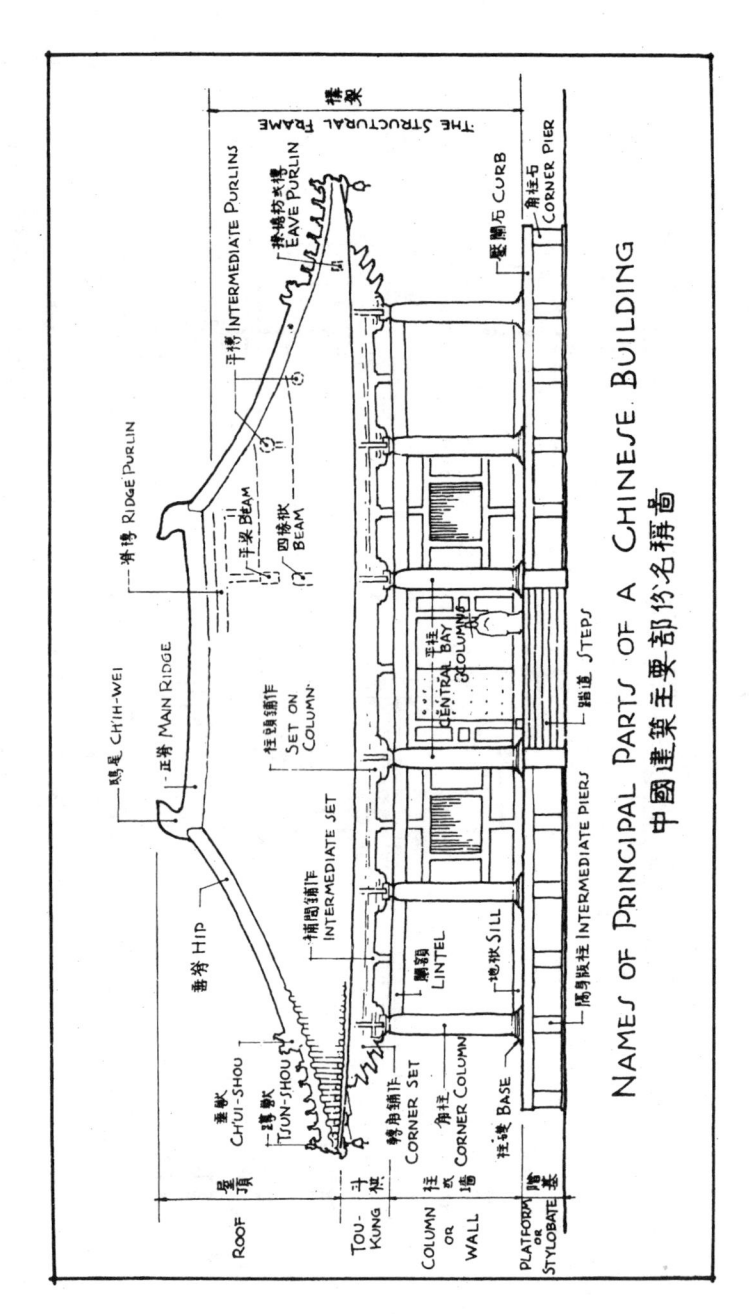

中国建筑主要部分名称图

LEGEND

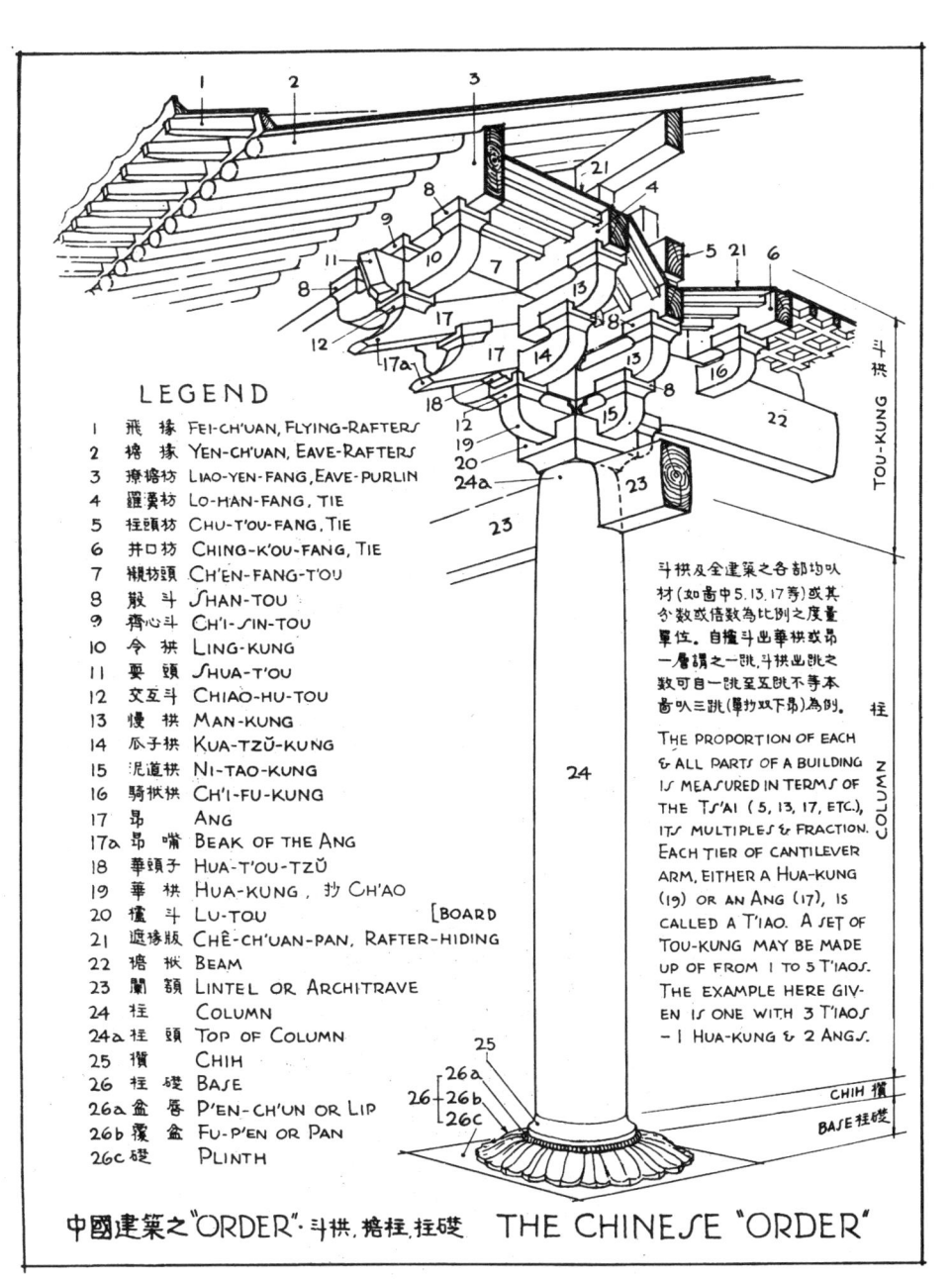

#		
1	飛椽	Fei-ch'uan, Flying-Rafters
2	檐椽	Yen-ch'uan, Eave-Rafters
3	撩檐枋	Liao-yen-fang, Eave-purlin
4	羅漢枋	Lo-han-fang, Tie
5	柱頭枋	Chu-t'ou-fang, Tie
6	井口枋	Ching-k'ou-fang, Tie
7	襯枋頭	Ch'en-fang-t'ou
8	散斗	Shan-tou
9	齊心斗	Ch'i-sin-tou
10	令栱	Ling-kung
11	耍頭	Shua-t'ou
12	交互斗	Chiao-hu-tou
13	慢栱	Man-kung
14	瓜子栱	Kua-tzŭ-kung
15	泥道栱	Ni-tao-kung
16	騎栿栱	Ch'i-fu-kung
17	昂	Ang
17a	昂嘴	Beak of the Ang
18	華頭子	Hua-t'ou-tzŭ
19	華栱	Hua-kung, 抄 Ch'ao
20	櫨斗	Lu-tou
21	遮椽版	Chê-ch'uan-pan, Rafter-hiding [Board]
22	檐栿	Beam
23	闌額	Lintel or Architrave
24	柱	Column
24a	柱頭	Top of Column
25	櫍	Chih
26	柱礎	Base
26a	盆唇	P'en-ch'un or Lip
26b	覆盆	Fu-p'en or Pan
26c	礎	Plinth

斗栱及全建築之各部均以材（如圖中 5.13.17 等）或其分數或倍數為比例之度量單位。自櫨斗出華栱或昂一層謂之一跳，斗栱出跳之數可自一跳至五跳不等本圖以三跳（單栱双下昂）為例。

The proportion of each & all parts of a building is measured in terms of the Ts'ai (5, 13, 17, etc.), its multiples & fraction. Each tier of cantilever arm, either a Hua-kung (19) or an Ang (17), is called a T'iao. A set of Tou-kung may be made up of from 1 to 5 T'iaos. The example here given is one with 3 T'iaos – 1 Hua-kung & 2 Angs.

中國建築之 "ORDER" · 斗栱, 檐柱, 柱礎   THE CHINESE "ORDER"

中国建筑之"ORDER（形制或体系）"

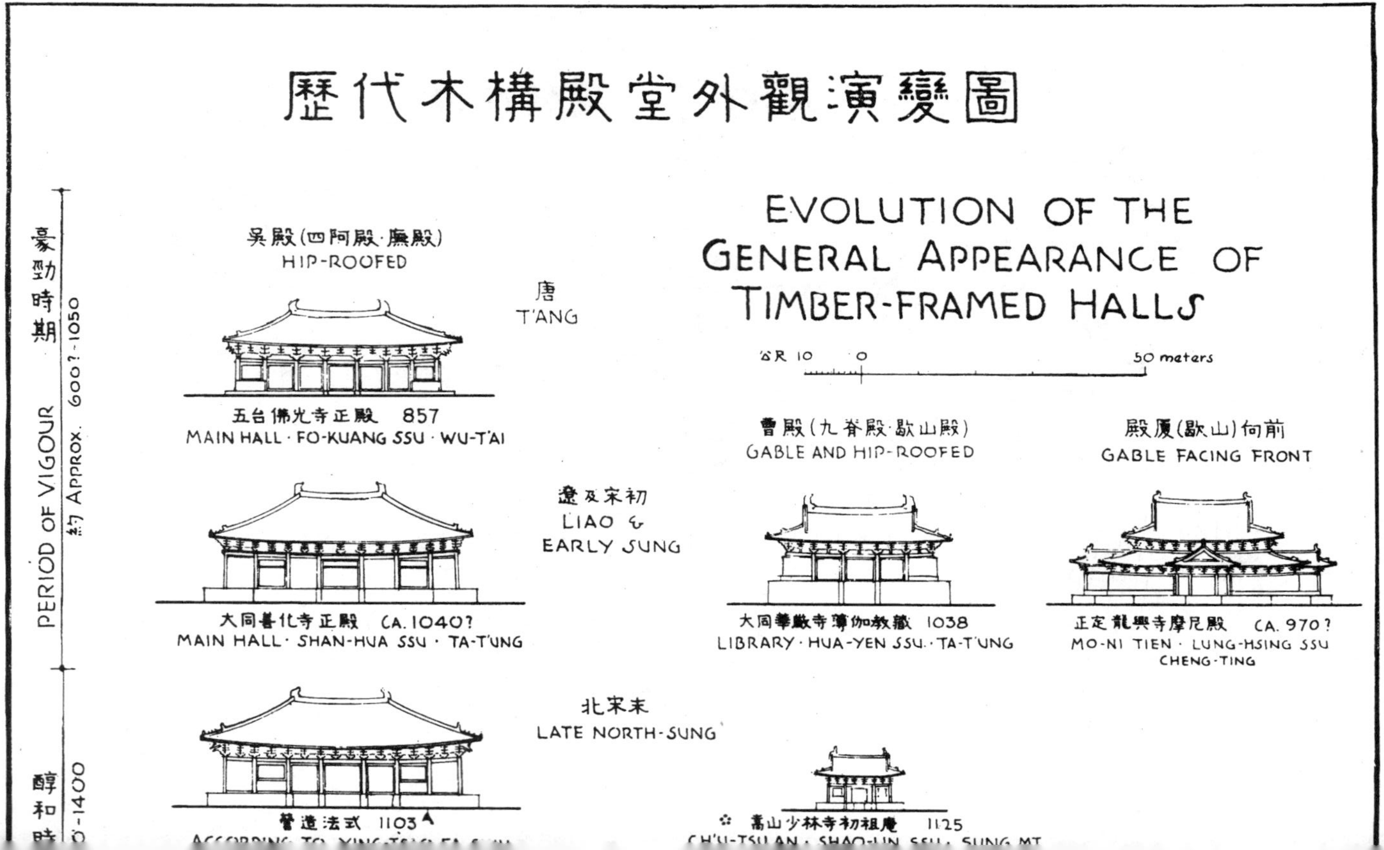

歷代木構殿堂外觀演變圖

EVOLUTION OF THE GENERAL APPEARANCE OF TIMBER-FRAMED HALLS

吳殿 (四阿殿·廡殿)
HIP-ROOFED

唐
T'ANG

五台佛光寺正殿 857
MAIN HALL · FO-KUANG SSU · WU-T'AI

廈殿 (九脊殿·歇山殿)
GABLE AND HIP-ROOFED

遼及宋初
LIAO & EARLY SUNG

大同華嚴寺薄伽教藏 1038
LIBRARY · HUA-YEN SSU · TA-T'UNG

大同善化寺正殿 CA.1040?
MAIN HALL · SHAN-HUA SSU · TA-T'UNG

殿廈 (歇山) 向前
GABLE FACING FRONT

正定龍興寺摩尼殿 CA. 970?
MO-NI TIEN · LUNG-HSING SSU CHENG-TING

北宋末
LATE NORTH-SUNG

嵩山少林寺初祖庵 1125
CH'U-TSUAN · SHAO-LIN SSU, SUNG MT

營造法式 1103
ACCORDING TO YING-TSAO FA-SHI

豪勁時期
PERIOD OF VIGOUR
約 APPROX. 600?-1050

醇和時期
0-1400

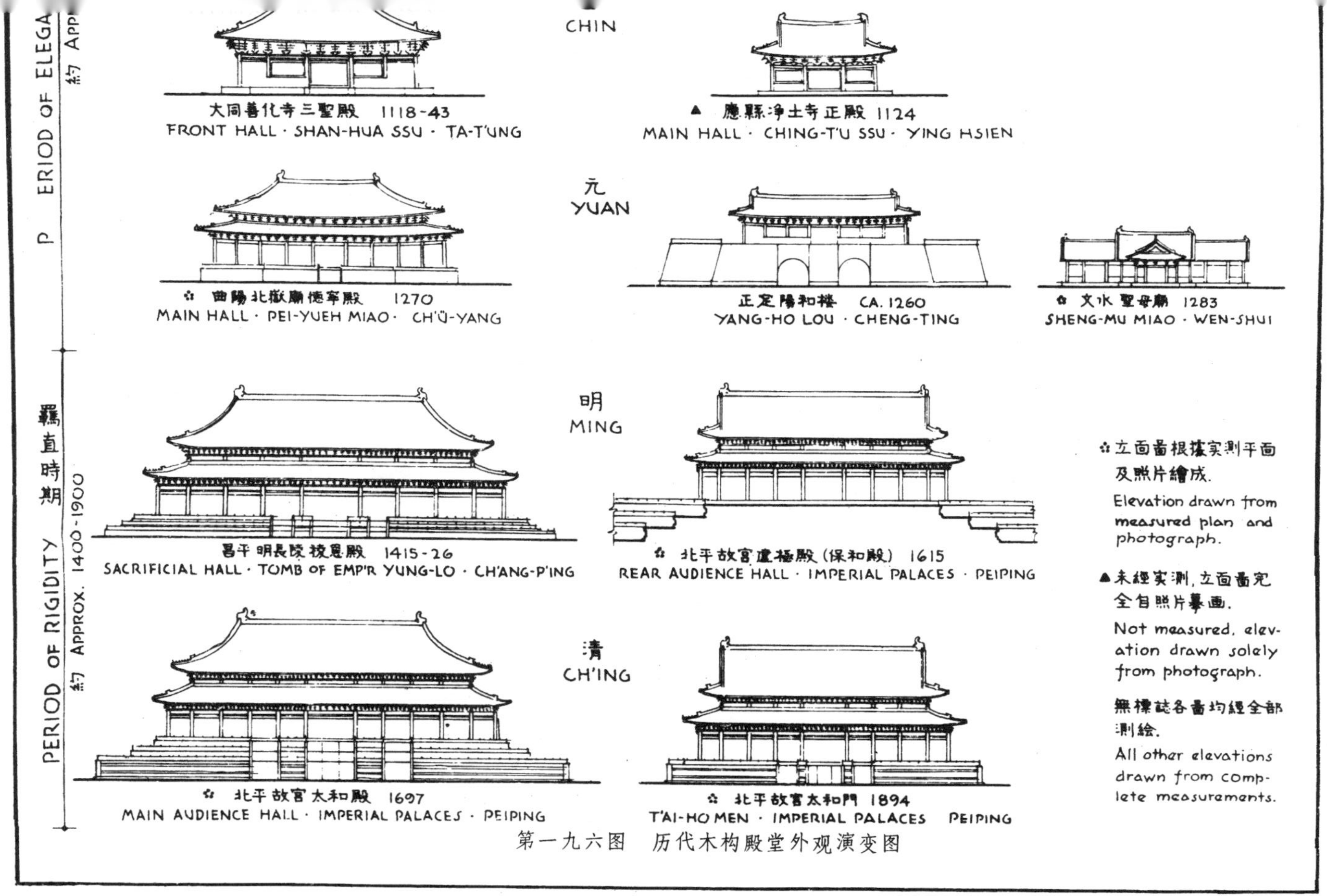

第一九六图　历代木构殿堂外观演变图

图书在版编目（CIP）数据

聊聊中国建筑 / 梁思成著；小耳朵绘. -- 贵阳：贵州人民出版社，2025.5. --（科学家写给孩子们）.
ISBN 978-7-221-18382-8

Ⅰ. TU-092

中国国家版本馆 CIP 数据核字第 2024CW6180 号

LIAOLIAO ZHONGGUO JIANZHU
聊聊中国建筑

梁思成　著
小耳朵　绘

出版人	朱文迅	选题策划	北京浪花朵朵文化传播有限公司
出版统筹	吴兴元	编辑统筹	尚　飞
责任编辑	潘　媛	特约编辑	贺艳慧
装帧设计	墨白空间·瑞文舟	责任印制	常会杰
出版发行	贵州出版集团　贵州人民出版社		
地　　址	贵阳市观山湖区会展东路 SOHO 办公区 A 座		
印　　刷	河北中科印刷科技发展有限公司		
经　　销	全国新华书店		
版　　次	2025 年 5 月第 1 版		
印　　次	2025 年 5 月第 1 次印刷		
开　　本	880 毫米 ×1230 毫米　1/32		
印　　张	5		
字　　数	75 千字		
书　　号	ISBN 978-7-221-18382-8		
定　　价	30.00 元		

后浪出版咨询(北京)有限责任公司　版权所有，侵权必究
投诉信箱：editor@hinabook.com　fawu@hinabook.com
未经许可，不得以任何方式复制或者抄袭本书部分或全部内容
本书若有印装质量问题，请与本公司联系调换，电话：010-64072833